常见兰花400种识别图鉴

CHANGJIAN LANHUA 400ZHONG SHIBIE TUJIAN

吴棣飞　叶德平　陈亮俊　编著

图书在版编目（CIP）数据

常见兰花400种识别图鉴 / 吴棣飞，叶德平，陈亮俊编著. —重庆：重庆大学出版社，2014.1
（好奇心书系. 图鉴系列）
ISBN 978-7-5624-7458-6

Ⅰ.①常… Ⅱ.①吴…②叶…③陈… Ⅲ.①兰科-花卉-识别-图解 Ⅳ.①S682.31-64

中国版本图书馆CIP数据核字（2013）第121670号

常见兰花400种识别图鉴
吴棣飞 叶德平 陈亮俊 编著
周 忠 钱仁卷 王军峰 尉阮杰 鲍洪华 参编
责任编辑:梁 涛 袁文华 版式设计:田莉娜
责任校对:谢 芳 责任印刷:赵 晟
*
重庆大学出版社出版发行
出版人:邓晓益
社址:重庆市沙坪坝区大学城西路21号
邮编:401331
电话:(023) 88617190 88617185（中小学）
传真:(023) 88617186 88617166
网址:http://www.cqup.com.cn
邮箱:fxk@cqup.com.cn（营销中心）
全国新华书店经销
重庆升光电力印务有限公司印刷
*
开本:787×1092 1/16 印张：26 字数：649千
2014年1月第1版 2014年1月第1次印刷
ISBN 978-7-5624-7458-6 定价：128.00元

前言 PREFACE

兰花是世界上最具魅力、最丰富多彩的一个类群。兰科（Orchidaceae）是高等植物中最大的科之一。据统计，兰花有800余属25 000余种，已登记的人工杂交种有4万余种，并且仍在不断地发现新种和创造新的品种。

按照我国的习惯，兰花可分为国兰和洋兰两大类。国兰即当今所称“中国兰花”，主要指兰科兰属的春兰、蕙兰、寒兰、墨兰、建兰、春剑兰、莲瓣兰7个种，如今其栽培品种多达上千。国兰主要分布在以中国为中心的温带或亚热带边缘区域，可以忍耐较低的温度。此外，国兰花色淡雅、叶形舒展，符合东方的传统审美情趣，国兰主要在中、日、韩等国广泛栽培，欧美则较少栽培。我国发现并栽培国兰的历史可上溯至春秋时期，中国文化先师孔子曾说，“芝兰生幽谷，不以无人而不芳，君子修道立德，不为穷困而改节”，他还将兰称为“王者之香”，此话流传至今，足以证明国兰在植物文化上的突出地位。

洋兰泛指生长于赤道中心和南北回归线附近的热带、亚热带地区的热带兰花种类。其中，国际上最为流行的热带兰花有七大类，包括卡特兰及其近缘属、大花蕙兰类、石斛兰类、文心兰及其近缘属、兜兰类、蝴蝶兰及其近缘属类、万代兰类，其原生种1 600余种，而栽培种居然达到11万余种。相较国兰，洋兰的栽培历史要短得多，然而洋兰花大色艳、花形多变、色彩丰富、热情奔放，逐渐成为国际商品兰花的主流，在我国年宵花卉市场上蝴蝶兰类、大花蕙兰类颇受青睐。

然而在庞大的兰科植物家族里面，这些广泛栽培的国兰、洋兰种类实乃沧海一粟。兰科植物的野生种类中有大量珍稀种类同样观赏价值突出，具有巨大的开发潜力。

正是基于此目的，本书就栽培兰花和野生兰花进行分类编排，收录了400余种兰花，对于国兰、洋兰等广泛栽培的兰花，着重介绍其生产栽培技术，以为借鉴；对于野生兰花资源，则着重介绍其形态、生境、分布情况，以图文并茂的形式展现兰科植物的野性之美，以期引起有识之士的关注，为兰花爱好者提供一本鉴赏与栽培的图典。

本书在出版过程中，得到了“2013年度浙江省科学技术协会育才工程资助项目”的大力支持，此外，尉阮杰、鲍洪华、姚一麟、胡仁勇、华国军、王炳谋、徐志辉、李剑武等人为本书提供了部分照片，编者在此一并致以诚挚的谢意！

由于编者水平有限，难免出现纰漏与错误，恳请广大读者批评指正。意见建议可发送至pepo88@163.com，亦可登录www.cnflora.com网站与作者互动。

编　者

2013年3月

目录 常见兰花400种识别图鉴

CONTENTS

目录 常见兰花400种识别图鉴

CONTENTS

目录 常见兰花400种识别图鉴

CONTENTS

目录 常见兰花400种识别图鉴

CONTENTS

目录 常见兰花400种识别图鉴

CONTENTS

目录 常见兰花400种识别图鉴

CONTENTS

第一篇　兰花的基础知识

兰花是兰科植物中花、叶具有观赏价值的类群的总称。兰科是有花植物中最大、最具多样性的科，全世界有800余属25 000余种，广泛分布于全世界，尤以亚洲和南美洲的热带、亚热带地区最多，少数分布于温带地区。中国产173属1 240余种，以云南、台湾、海南、广东、广西等省区种类最多。

目前作为商品花卉广泛生产的主要有八个类群，包括洋兰类的七个类群（卡特兰类、大花蕙兰类、石斛兰类、文心兰类、兜兰类、蝴蝶兰类、万代兰类）和国兰类，其原生种1 600余种，但杂交栽培品种达11万余种，且观赏价值不菲。此外所谓国兰，主要指兰属的7个种，包括春兰、蕙兰、寒兰、墨兰、建兰、春剑兰、莲瓣兰，据不完全统计，其栽培品种达2 000余种。

兰花的根——细叶石仙桃

兰花的根——春兰的肉质根

一、兰花的形态特征

兰花的根

地生兰的根多为丛生，纤细，大多具根毛，具分枝；有些地生兰的根肉质，根系粗壮，如春兰、蕙兰等。附生兰的气生根较为粗壮强大，绝大多数是肉质根，上具一层由死亡细胞构成的海绵层，是为根被，可以起到保护根系的作用。

兰花的根——蝴蝶兰的根被

兰花的茎

地生兰与腐生兰一般有块茎或根状茎；附生兰则有肉质的假鳞茎。假鳞茎是兰科植物的特有器官，实际上是膨大、短缩的茎，它既能贮藏水分与养分，又可进行光合作用，其充实程度是判断兰花长势与养护情况的标准之一。假鳞茎的形态通常有卵圆形、圆球形、扁球形、圆柱形等。

兰花的茎——细叶石仙桃的假鳞茎卵圆形

兰花的茎——石斛的茎

兰花的茎——台湾独蒜兰的假鳞茎圆球形

兰花的叶——石斛

兰花的叶——寒兰

兰花的叶——纤叶钗子股的叶肉质

兰花的叶——带唇兰

兰花的叶——扇脉杓兰

兰花的叶——短茎萼脊兰

兰花的叶

兰科植物的叶多常绿，如春兰（*Cymbidium goeringii*）、蝴蝶兰（*Phalaenopsis aphrodite*）等；也有落叶的种类，如落叶兰（*Cymbidium defoliatum*）等。叶形差异很大，但多呈披针形、卵圆形、带形、狭卵圆形，亦有呈针形、棒形。叶的质地有纸质、肉质、革质等，虾脊兰（*Calanthe discolor*）的叶为薄纸质，纤叶钗子股（*Luisia hancockii*）的叶为肉质，蝴蝶兰的叶为厚革质。此外，附生兰类的叶基部常有关节。

兰花的花

花常排列为总状花序或圆锥花序，少有短缩的头状花序或退化为单花，花两性，通常两侧对称。花被片6枚，2轮排列，外轮的3片为萼片，萼片离生或不同程度合生；内轮3片为花瓣，中间花瓣的形态有较大的变化，明显不同于2枚侧生的花瓣，称为唇瓣，唇瓣由于花（花梗和子房）作180°扭转或90°弯曲，故常处于下方。唇瓣形态奇特，常有艳丽的色彩，上面还有胼胝体、褶片或腺毛等附属物，唇瓣的基部有时凹陷成囊状或延伸成筒状，后者称为“距”。兰科植物的花形态差异很大，但是有其共同点，即雄蕊与雌蕊合生成蕊

兰花的花——距

兰花的花——形态示意图

柱，这是兰科植物与其他植物区别的主要特征。

果实及种子

兰花的果实一般为蒴果，内含数千或数万的种子，多的可达百万粒以上。由于种子极为细小，没有胚乳，在自然条件下很难发芽，只有极少数种子能萌发成新的植株。

建兰的果实

建兰的果实切开

综上所述，兰花的识别特征：地生、附生或腐生草本，叶互生或退化为鳞片。花两性，两侧对称，花被片6枚，排成2轮；雄蕊2枚或1枚，与雌蕊合生成蕊柱；子房下位，1室，侧膜胎座。蒴果，种子极其细小，无胚乳。凡符合以上特征的植物均属兰科植物，泛称为兰花。

二、兰花的分类

1.按生活习性分类：可分为地生、附生和腐生3种。

地生兰：多生于山坡林下，一般是富含腐植质的砂质壤土，极少生于沼泽、湿地中，如春兰（*Cymbidium goeringii*）、蕙兰（*Cymbidium faberi*）、兜兰属（*Paphiopedilum*）、杓兰属

石斛的果实

（*Cypripedium*）。

附生兰：又名气生兰，大多生于有苔藓、腐植质和积土的树干、树桠，岩石壁上，如石斛属（*Dendrobium*）、卡特兰属（*Cattleya*）。当然，地生和附生并没有绝对的界限，半附生的种类如兔耳兰（*Cymbidium lancifolium*）、台湾独蒜兰（*Pleione formosana*）等，既可生于树上，亦可长在富含腐植质、排水良好的壤土上。

腐生兰：无叶绿素，不进行光合作用，从腐败的植物体上吸取养分的兰花，多地生，常见于枯枝落叶深厚且富含腐植质林下，如天麻（*Gastrodia elata*）、大根兰（*Cymbidium macrorhizum*）等。

2.按生长方式分类：可分为单轴生长型和合轴生长型两种。

单轴生长型：此类兰花没有根状茎，其顶芽不断生长使得主茎不断延长，新叶从顶端生长发出，这种生长方式只见于比较进化的万代兰属（*Vanda*），如一些万代兰属兰花的主茎可延长1 m以上。

合轴生长型：这是大多数兰科植物的生长方式，亦即每个植株的主轴（主茎、根状茎等）的生长是有限的，而主轴的继续生长是靠侧芽发出的新轴（新苗），新轴的侧芽又长出新轴（新苗），年年如此，连续不断，可延续数十年至百年之久。故整个植株的主轴是由许多侧轴组成的，如兰属（*Cymbidium*）、石豆兰属（*Bulbophyllum*）。

第二篇　常见栽培类群

按照我们的习惯，通常将兰花分为国兰和洋兰两大类。洋兰类泛指生长于赤道中心和南北回归线附近的热带、亚热带地区的热带兰花种类。其中，国际上最为流行的热带兰花有七大类，包括卡特兰及其近缘属类、大花蕙兰类、石斛兰类、文心兰及其近缘属类、兜兰类、蝴蝶兰及其近缘属类、万代兰类。国兰类即当今所称“中国兰花”，主要指兰科兰属的春兰、蕙兰、寒兰、墨兰、建兰、春剑兰、莲瓣兰7个种。

一.洋兰类

1.卡特兰类（*Cattleya*）

卡特兰又名嘉德丽亚兰，是对兰科卡特兰属（*Cattleya*）内原种和园艺杂交种及近缘种类的总称。它花型奇特、雍容华丽，花色娇艳多变，花朵芳香馥郁，是国际上最知名的观赏兰花种类之一，素有“洋兰之王”“兰之王后”的美称。

卡特兰属附生兰。假鳞呈棍棒状或圆柱状，具1～3片革质厚叶，是贮存水分和养分的组织。花单朵或数朵，着生于假鳞茎顶端，花大而美丽，色泽鲜艳而丰富。全属原种60余种，分布于中美洲至南美洲热带地区，多生于热带雨林的树干或岩石上。我国没有分布。

卡特兰在栽培上有单叶和双叶之分，前者假鳞茎上只有1片叶子，叶和花较大，通常每个花梗开花1～3朵；后者每个假鳞茎上有2片或2片以上叶子，叶和花较小，花数量较多。另外，卡特兰还可根据花朵颜色分为单色花和复色花两大类，也可根据花型的大小分为大、中、小、微型四大类。

卡特兰类的栽培与养护

（1）光照

原产地的卡特兰多附生于高大树木或岩壁上，喜散射光的半阴环境。春、夏、秋三季可用遮阴网遮光50%～60%，冬季在温室内可不遮光，稍见一些直射阳光。若光线过强，其叶片和假球茎易发黄或被灼伤，并诱发病害。若光线过弱，又会导致叶片徒长、叶质单薄。

（2）温度

卡特兰原产热带美洲，多喜温暖湿润的气候。生长适温：3—10月为20～30 ℃，10月—次年3月为12～24 ℃，其中白天以25～30 ℃为好，夜间以15～20 ℃为最佳，日较差在5～10 ℃较合适。冬季棚室温度应不低于10 ℃，否则植株停止生长进入半休眠状态，低于8 ℃时，一般不耐寒的品种易发生寒害，较耐寒的品种能耐5 ℃的低温。秋末冬初当环境温度降至12 ℃以下时，应及早搬入室内。夏季当气温超过35 ℃时，要通过搭棚遮阴、环境喷水、增加通风等措施，为其创造一个相对凉爽的环境，使其能继续保持旺盛的长势，安全过夏，避免发生茎叶灼伤。

（3）水分

卡特兰喜较高的空气湿度。对基质的水分要求不严，基质过湿极易导致烂根。生长季节要求水分充足，基质保持湿润即可，空气湿度一般应维持60%～80%，可通过加湿器每天加湿2～3次，外加叶面喷雾，为其创造一个湿润的适生环境。另外，卡特兰在花谢后约有40 d的休眠期，此时期应保持植料稍呈潮润状态。在湿度低、光照差的冬季，植株处于半休眠状态，要切实控制浇水。一般在春、夏、秋三季每2～3 d浇水1次，冬季每周浇水1次，当盆底基质呈微润时，为最适浇水时间，浇水要一次性浇透，水质以微酸性为好，不宜夜间浇水喷水，以防湿气滞留叶面导致染病。

（4）基质

栽培卡特兰的植料通常要求排水良好、疏松透气，多用蕨根、苔藓、树皮块、水苔等混合配制。盆地多用较大木炭块或泡沫块填充2～3 cm作为排水层。一般生长旺盛的植株，每隔1～2年更换1次植料，最好在春季新芽刚抽生时或花谢后，结合分株进行换盆。

（5）肥料

卡特兰对肥料要求不严，所需肥料较多可通过与其根系共生的菌根来获得。施肥宜在生长期，可用多元缓释复合肥颗粒埋施于植料中。生长季节，每半月用0.1%的尿素加0.1%的磷酸二氢钾混合液喷施叶面1次，以促进鳞茎及叶的生长。当气温超过32 ℃或低于15 ℃时，要停止施肥，花期及花谢后休眠期间也应暂停施肥，以免出现肥害伤根。

（6）通风

卡特兰自然界多生于高大树木上，因此喜凉爽通风，忌闷热。室内栽培须保证通风良好，可使用电风扇或对流扇改善通风条件。

（7）繁殖

卡特兰的繁殖方法有组织培养和分株繁殖，前者多用于科研生产，后者适合家庭园艺。卡特兰的分株繁殖多在春秋两季进行。分株时，先将植株从盆中倒出，去掉根部附着的基质，露出根系，剪去腐烂的根及假鳞茎，然后将较大的假鳞茎切开，但每丛应有3个芽以上，因为分剪过小，对新株的恢复生长和开花均有影响。分株后将新株分别种在湿润的新鲜培养基质中。栽植时使新芽向着盆边方向，并留出2～3年的位置。新栽的卡特兰在2～3周的时间内宜放在半阴、潮湿的地方，每日向叶面喷水以保持叶片及假鳞茎不干缩，根部在刚分株时不能浇水，也不能施肥，否则会引起烂根，当新根长至2～3 cm长时才可进行根部浇水。

2.大花蕙兰类（*Cymbidium*）

大花蕙兰为园艺栽培类群，是由原产于中国西南部及印度、缅甸、泰国、越南等地区的兰属中的大花附生种、小花垂生种以及一些地生兰经过一百多年的多代人工杂交育成的品种群。世界上首个大花蕙兰品种为*Cymbidium* ‘Eburneo-lowianum’，是用原产于中国的独占春（*Cymbidium eburneum*）作母本，碧玉兰（*Cymbidium lowianum*）作父本，于1889年在英国首次培育而得。其后美花兰（*Cymbidium insigne*）、虎头兰（*Cymbidium hookerianum*）、红柱兰(*Cymbidium erythrostylum*)、西藏虎头兰（*Cymbidium tracyanum*）等十多种野生种参与了杂交育种。

大花蕙兰的另一类品系——垂花蕙兰，是指一类花葶自然下垂的大花蕙兰。该类兰花从日本、新西兰和美国兴起，深受当地消费者欢迎，售价不菲。近些年我国陆续从日本引进，很快成为年宵花卉市场上的新秀和宠儿，尽管价格昂贵，也常常被抢购一空。垂花蕙兰的垂花性状主要来自多花兰（*Cymbidium floribundum*）、地旺兰（*Cymbidium devonianum*）、红柱兰（*Cymbidium erythrostyllum*）、湿地兰（*Cymbidium madidum*）、沟唇兰（*Cymbidium canaliculatum*）、纹瓣兰（*Cymbidium aloifolum*）、冬凤兰（*Cymbidium dayanum*）、硬叶兰（*Cymbidium bicolor* var. *obtusum*）等。前6种均已用于培育垂花蕙兰。尽管具备垂花性状，但其栽培养护与大花蕙兰大同小异，故本书一并说明。

大花蕙兰叶色碧绿，株型舒展，花姿粗犷、豪放壮丽，是世界著名的“兰花新星”。它具有国兰的幽香典雅，又有洋兰的丰富多彩，在国际花卉市场十分畅销，近年来成为我国年宵花卉的新宠，深受花卉爱好者的倾爱。

大花蕙兰类的栽培与养护

（1）光照

与传统的国兰相比，大花蕙兰更喜光，光照不足将导致植株纤细瘦小、抗病力弱，还明显影响大花蕙兰的生殖生长。春季可遮光20%～30%，夏季可遮光40%～50%，9月下旬—12月花芽生长期可开始增加光照。秋季多见阳光，有利于花芽形成与分化。温室大花蕙兰种植，在冬季雨雪天，如增加辅助光照，对开花极为有利。

（2）温度

大花蕙兰喜冬季温暖和夏季凉爽气候，生长适温为10～25 ℃，昼夜温差最好在8 ℃以上。在6—10月白天温度20～25 ℃，夜间15～20 ℃为宜，必须保证较大的昼夜温差。夏季温度升高时要撤掉温室的塑料薄膜，换上遮阴网。可忍受短暂高温，大于30 ℃高温不利于花芽分化和发育。冬季需要适度加温。

（3）**水分**

大花蕙兰对水质要求比较高，喜微酸性水，对水中的钙、镁离子比较敏感。以雨水浇灌最为理想，使用井水、地下水会导致盐分积累，不利于根系生长。通常用喷灌，5—9月每天至少浇水1次，盛夏7—8月每天浇水2次，10月—次年4月每2～3 d浇水1次。浇水次数视苗大小和天气状况随时调整。花芽发育期间适当控水能促进花芽分化和花序的形成。

（4）**基质**

生产上多采用水苔或细树皮。水苔需用800～1 000倍甲基托布津、甲福硫或多菌灵浸泡杀菌消毒。树皮应用标准：幼苗时用2～5 mm的树皮，中苗时用5～10 mm的树皮，大苗时用8～18 mm的树皮。

（5）**肥料**

生长期氮、磷、钾比例为1：1：1，催花期其比例为1：2：（2～3），肥液pH值为5.8～6.2。一般而言，小苗施肥浓度为3 500～4 000倍，中大苗为2 000～3 500倍，夏季1～2次/d（水肥交替施用），其他季节通常3 d施肥1次。生长期要每月施有机肥1次，豆饼：骨

粉的比例为2：1，催花期施用纯骨粉。有机肥不能施于根上。骨粉如含盐量太大可先用水冲洗后再施用。冬季最好停止施用有机肥。

（6）通风

大花蕙兰喜凉爽通风，忌闷热。室内栽培须保证通风良好，可使用电风扇或对流扇改善通风条件。空气闷热会导致病害的发生。

（7）繁殖

大花蕙兰常用分株、播种和组培繁殖。

分株繁殖：在植株开花后，新芽尚未长大之前，正处短暂的休眠期。分株前使质基适当干燥，让大花蕙兰根部略发白、略柔软，这样操作时不易折断根部。将母株分割成2～3筒一丛盆栽，操作时抓住假鳞茎，不要碰伤新芽，剪除黄叶和腐烂老根。

播种繁殖：主要用于原生种大量繁殖和杂交育种。种子细小，在无菌条件下，极易发芽，发芽率在90%以上。

组培繁殖多用于工厂化大批量生产，起点较高，不适合家庭栽培繁殖。

3.石斛兰类（*Dendrobium*）

石斛兰类是对兰科石斛属（*Dendrobium*）内原种和近缘园艺杂交种的总称。属名*Dendrobium*为希腊语dendron（树木）与bios（生活）二词结合而成，意为附生在树上。石斛兰属是兰科植物中最大的一个属，原产于亚洲热带和亚热带，以及澳大利亚和太平洋岛屿，全世界有1 000余种。我国有76余种，其中大部分分布于西南、华南、台湾等地。生长在海拔100～3 000 m高度，常附生于树干或岩石上。

石斛兰类为附生兰，其形态性状变化多样。假鳞茎丛生，圆柱形或稍扁，基部收缩；叶纸质或革质，矩圆形，顶端2圆裂；总状花序，花大、半垂，白色、黄色、浅玫红、或粉红色等，艳丽多彩，十分美丽，许多种类气味芳香。

石斛兰类的栽培与养护

（1）光照

石斛兰为附生植物，生境独特，对小气候环境要求十分严格。多生于温暖、凉爽、高湿的阴坡、半阴坡微酸性岩层峭壁或树干上，多群聚分布。喜散射光，冬季可阳光直射。

（2）温度

石斛兰原产亚洲热带、亚热带高海拔地区，多喜温暖、凉爽。生长适温：3—10月为

20～30 ℃，10月—次年3月为12～24 ℃，其中白天以25～30 ℃为好，夜间以15～20 ℃为最佳，日较差在5～10 ℃较合适。冬季棚室温度应不低于10 ℃，否则植株停止生长进入半休眠状态，低于8 ℃时，一般不耐寒的品种易发生寒害，较耐寒的品种能耐5 ℃的低温。秋末冬初当环境温度降至12 ℃以下时，应及早搬入室内。夏季当气温超过35 ℃以上时，要通过搭棚遮阴、环境喷水、增加通风等措施，为其创造一个相对凉爽的环境，使其能继续保持旺盛的长势，安全过夏，避免发生茎叶灼伤。

（3）水分

石斛兰喜较高的空气湿度。对基质的水分要求不严，基质过湿极易导致烂根。生长季节要求水分充足，基质保持湿润即可，空气湿度一般应维持60%～80%，可通过加湿器每天加湿2～3次，外加叶面喷雾，为其创造一个湿润的适生环境。另外，石斛兰在花谢后有40 d左右的休眠期，此一时期应保持植料稍呈潮润状态。在湿度低、光照差的冬季，植株处于半休眠状态，要切实控制浇水。一般在春、夏、秋三季每2～3 d浇水1次，冬季每周浇水1次，当盆底基质呈微润时，为最适浇水时间，浇水要一次性浇透，水质以微酸性为好，不宜夜间浇水喷水，以防湿气滞留叶面导致染病。

（4）基质

盆栽石斛兰多用泥炭苔藓、蕨根、树皮块和木炭等轻型、排水好、透气的基质。同时盆底多垫瓦片或碎砖屑，以利于排水。栽培场所必须光照充足，对石斛生长、开花更加有利。春、夏季生长期，应充分浇水，使假球茎生长加快。9月以后逐渐减少浇水，使假球茎逐趋成熟，能促进开花。生长期每旬施肥1次，秋季施肥减少，到假球茎成熟期和冬季休眠期，则完全停止施肥。栽培2～3年以上的石斛，植株拥挤，根系满盆，盆栽材料已腐烂，应及时更换。无论常绿类或是落叶类石斛，均在花后换盆。换盆时要少伤根部，否则遇低温叶片会黄化脱落。

（5）肥料

石斛兰对肥料要求不严，所需肥料较多可通过与其根系共生的菌根来获得。施肥宜在生长期，可用多元缓释复合肥颗粒埋施于植料中。生长季节，每半月用0.1%的尿素加0.1%的磷酸二氢钾混合液喷施叶面1次，以促进鳞茎及叶的生长。当气温超过32 ℃或低于15 ℃时，要停止施肥，花期及花谢后休眠期间也应暂停施肥，以免出现肥害伤根。

（6）通风

石斛兰自然界多生于高大树木上，因此喜凉爽通风，忌闷热。室内栽培须保证通风良好，可使用电风扇或对流扇改善通风条件。

（7）繁殖

石斛兰家庭繁殖方法常用分株、扦插繁殖，生产上则较常用组培繁殖。

分株繁殖：春季结合换盆进行分株。将生长密集的母株从盆内脱出，少伤根叶，把兰苗轻轻弄开，选用3～4株栽于直径15 cm的盆内，有利于成型和开花。

扦插繁殖：选择未开花而生长充实的假鳞茎，从根际剪下，再切成2～3节一段，直接插入泥炭苔藓中或用水苔包扎插条基部，保持湿润，室温保持在18～22 ℃，插后30～40 d可生根。待根长3～5 cm即可盆栽。

4.文心兰类（*Oncidium*）

文心兰又名跳舞兰、舞女兰、金蝶兰、瘤瓣兰等，是对兰科文心兰属（*Oncidium*）内原种与园艺杂交种的总称，本属植物全世界原生种多达750余种，而商业上用的千姿百态的品种多是杂交种，植株轻巧、潇洒，花茎轻盈下垂，花朵奇异可爱，形似飞舞的金蝶，极

富动感，是世界重要的盆花和切花种类之一。

文心兰原种原产于美洲热带地区，种类分布最多的有巴西、美国、哥伦比亚、厄瓜多尔及秘鲁等国家。文心兰的形态变化较大，假鳞茎为扁卵圆形，较肥大，但有些种类没有假鳞茎。文心兰叶片1～3枚，可分为薄叶种、厚叶种和剑叶种。一般1个假鳞茎上只有1个花茎，一些生长粗壮的也有可能2个花茎；有些种类1个花茎只有1～2朵花，有些种类又可达数百朵；文心兰的花色以黄色和棕色为主，还有绿色、白色、红色和洋红色等，其大小有的极小，如迷你型文心兰，有的又极大，花的直径可达12 cm以上。

文心兰类的栽培和养护

（1）光照

文心兰喜半阴环境。规模化生产需用遮阳网，以遮光率40%～50%为合适。冬季需充足阳光，一般不用遮阳网，有益于开花。

（2）温度

原叶型（或称硬叶型）文心兰喜温热环境，而薄叶型（或称软叶型）和剑叶型文心兰喜冷凉气候。前者的生长适温为18～25 ℃，冬季温度不低于12 ℃。后者的生长适温为10～22 ℃，冬季温度不低于8 ℃。

（3）水分

生长期保持基质的湿润，夏季高温季节，每天向地面喷水2～3次，同时叶面喷雾1～2次，以降低温度，增加空气湿度。冬季低温时，减少浇水，利于植株过冬。

（4）基质

盆栽植料以细蕨根40%、泥炭土10%、木炭20%、珍珠岩或蛭石20%、碎石和碎砖块10%混合调制效果好。种植时要用碎石或碎砖垫花盆底部1/3左右，以利通气和排水。栽培的花盆可用塑料盆、素烧盆、瓷盆等。栽培2～3年以上的文心兰，植株逐渐长大并长出小株，根系过满，要及时换盆。换盆通常在开花后进行，未开花植株可选择在生长期限之前进行，如早春秋后天气变凉时进行，栽培材料应一起更换，换盆可结合分株一起进行。

（5）肥料

施肥的时间必须配合植株的生长情形，虽然不同品种的文心兰生长状况并不一致，然而仍可遵循一般的施肥基本原则。首先，当植株抽出花茎起，应停止施肥，直至花期过后方能恢复施肥；其次，温度低于10 ℃时，亦须停止施肥。其余时间可每月施加已稀释的液态肥2～3次，此外固态肥亦可同时施用。

（6）通风

良好的空气流通是文心兰栽培的必要条件，尤其是具有假鳞茎及薄叶的品系，闷热的环境容易引起病害。因此可采用风扇加强通风，更能帮助文心兰消暑。

（7）繁殖

可采用分株繁殖。春、秋季均可进行，在春季新芽萌发前结合换盆进行分株最好。将带2个芽的假鳞茎剪下，直接栽植于水苔的盆内，保持较高的空气湿度，很快恢复萌新芽和长新根。

5.兜兰类（*Paphiopedilum*）

兜兰又称拖鞋兰，是对兰科兜兰属内原种及园艺栽培种类的总称。兜兰为热带及亚热带林下的多年草本植物，多数为地生种，少数为附生种。我国兜兰资源十分丰富，全球野生种60余种，我国就有18种，主要产于西南及华南各省区。其中有些种早在20世纪已被引入欧洲，并成为现代兜兰品种的杂交亲本。

兜兰的花既稚致又奇特，拖鞋状的唇瓣，十分有趣，深受人们的喜爱。此外，萼片也甚特别，背萼极发达，呈扁圆形或倒心形，有的种背萼上有色彩鲜艳的花纹，更具观赏价值。兜兰的花色多种多样，但无卡特兰那样华丽，而较庄重素雅，有白色、浅绿、黄、粉红、紫红、红褐及不同粗细的黑褐色条纹和斑点等。兜兰的花瓣较厚，花朵的寿命很长，有的种在高温环境中可开放一个半月，并且一年四季都有开花的种类。兜兰没有贮藏养料和水分的假鳞茎，因此与具有似鳞茎的兰花比较，对气候变化适应性较差，养护管理难度不小。

兜兰类的栽培与养护

（1）光照

由于兜兰原生于光线阴暗的环境，因此切忌阳光直射，必须遮阴50%～60%。若放置温室栽培时，要用一层遮光网，以减弱阳光的照射。夏秋季日照很强，遮光率应加强至60%～70%。冬天阳光较弱，日照时间又短，因此原来使用的遮光网均可去除，保30%的遮光率。由于室内的日照时间极短，故放置室内无需遮阴。

（2）温度

兜兰对温度的条件较为宽松，白天温度为20～25 ℃，若上升至30～38 ℃时亦能忍受，但生长较差，温度过高时，可配合喷水和通风的办法来调节；夜间温度最好维持在15～20 ℃，极端低温可能会使兰株受冻，产生寒害，虽然一些高海拔的山区原种可耐0 ℃

左右的低温，但对大多数品种而言，以不低于5 ℃为佳，尤其是一些热带低地生长的种类，冬季的安全越冬温度应在10 ℃以上。

（3）水分

兜兰喜通风高湿的环境，由于其没有假鳞茎，抗旱能力远不如常见的春兰、虎头兰，因此水分的管理在兜兰栽培中尤为重要。当水苔和植材表面略显干燥时及时浇水，保持盆内潮湿。浇水时应浇至水从盆底流出为止，将盆内的旧水与空气排出。浇水时除了根部给水外，也可进行叶面喷水，更能促进新芽的生长。夏天兜兰生长迅速，因此早晚均要充分浇水。秋季浇水一般是等到植材表面干燥时再进行。由于已进入生长停止期，故其对于水分的吸收远不如夏季，因此一般2～3 d浇水1次。由于秋季空气干燥，植料表面容易干，常常会出现植材表面呈现干燥，内层却仍十分潮湿的情况，因此浇水不宜过湿。另外要注意的是，兰心容易积水而导致花芽腐烂。因此对有花芽的兰株，浇水要特别注意。兰心进水后可用纸小心吸出来。冬季由于花芽逐渐长大，花茎也要生长，因此吸水量增加。此时若水分不足，对于花茎的生长不利，短时间内即停止生长，因此要特别留意不宜过于干燥。冬季浇水最好在中午以前，植材表面呈现干燥时进行。

（4）基质

兜兰喜疏松肥沃、排水透气性好而富含腐殖质的培养基质，可用泥炭土或腐殖土30%、苔藓20%、细蕨根20%、火烧土或塘泥10%、木屑10%、河沙10%混合配制。常于初夏移栽，先在盆底部1/4处填入粗砂、碎石、碎瓦片等粒状物，以利于排水透气，然后装入培养土，将植株栽于盆中，盆面覆盖苔藓或蕨根保湿。

（5）肥料

春季当兜兰新芽开始生长时，可施用稀释1 500倍以上的液体肥料，每周1次。依照指示浓度调配，不宜太浓。若使用固体肥料最好用缓释肥，效果稳定持久。可于3—4月施肥1次，4～5寸盆放置即可。如果植材是新的水苔，或2年换盆1次的兰株，有时无须施固体肥，即可开出花来。但若使用旧水苔或植材，则施用的肥料要浓些，同时为了防止酸化问题可用生理碱性肥料。夏、秋季是兜兰的生长旺季，因此肥料不可缺少。施1 500倍液体肥料每周1次，一直到9月中旬为止，除了直接根施外，还可喷洒叶面。固体肥料5—7月施放1次就可以了。在酷暑中施高浓度的肥料，容易引起烂根，因此须注意薄肥勤施。冬季对于已长出花芽和正在开花的兰株无须施肥。

（6）通风

兜兰喜通风透气环境，忌闷热。室内栽培须保证通风良好，若夜间过于闷热，最好移到室外栽培荫蔽处栽培，亦可使用电风扇或对流扇改善通风条件。空气闷热会导致病害的发生，影响兜兰的生长。

（7）繁殖

兜兰多用分株法繁殖，在4—5月花后相对休眠的时期内，结合换盆进行。先将植株从盆中脱出，少伤根叶，去土后，将成株基部根际长出的有2条以上新根的幼株，用利刀轻轻切离母体，分别栽植，浇透水，置半阴处。以后需经常喷水，保持较高的空气湿度，以利于尽早恢复生长。半个月后进行常规管理。也可采用播种法进行繁殖，但其种子细小，播种比较困难，可在无菌培养基上育苗。组培繁殖多用于工厂化大批量生产，起点较高，不适合家庭栽培繁殖。

6.蝴蝶兰类（*Phalaenopsis*）

蝴蝶兰是对兰科蝴蝶兰属（*Oncidium*）内原种与园艺杂交种的总称。蝴蝶兰是附生草本。根肉质，发达，从茎的基部或下部的节上发出，长而扁。茎短，具少数近基生的叶。叶质地厚，扁平，椭圆形、长圆状披针形至倒卵状披针形，通常较宽，基部多少收狭，具关节和抱茎的鞘，花时宿存或花期在旱季时凋落。花茎一至数枚，拱形，花大，因花形似蝶得名。其花姿优美，颜色华丽，为热带兰中的珍品，有“兰中皇后”之美誉。

蝴蝶兰原种分布于热带亚洲至澳大利亚，全球60余种，我国产6种。从第一个原生种蝴蝶兰（*Phalaenopsis aphrodite*）在1750年发现至今，经过近200多年的选育，培育出了不少观赏价值极高的品种。目前，蝴蝶兰在我国年宵花卉市场占据主导地位，受到广大花卉爱好者的追捧。

蝴蝶兰类的栽培与养护

（1）光照

蝴蝶兰多生于热带雨林，有上层乔木荫庇，喜半阴，但仍需使兰株能接受部分光照，尤其花期前后，适当的光可促使蝴蝶兰开花，使开出的花艳丽持久，一般应放在室内有散射光处，勿让阳光直射。

（2）温度

蝴蝶兰喜高温高湿的环境，生长时期最低温度应保持在15 ℃以上，蝴蝶兰适宜生长温度为16～30 ℃。秋冬和冬春之交以及冬季气温低时应注意增温，一般冬季有供暖设备的房间，这个温度不难达到，但要注意，不要将花直接放在暖气片上或离之过近。夏季温度偏高时需要降温，并注意通风，若温度高于32 ℃，蝴蝶兰通常会进入半休眠状态，要避免持续高温。春节前后为盛花期，适当降温可延长观赏时间，开花时夜间温度最好控制在13～16 ℃，但不能低于13 ℃。

（3）水分

蝴蝶兰原产于热带雨林，湿度极高。蝴蝶兰没有粗大的假球茎储存养分，若空气温度不足，则叶面发皱且软弱无力。因此蝴蝶兰宜在通风、湿度高的环境中栽培养护。蝴蝶兰适宜生长空气湿度为50%～80%。蝴蝶兰新根伸长旺盛期要多浇水，花后休眠期少浇水。春秋两季每天下午5时前后浇水1次，夏季植株生长旺盛，每天上午9时和下午5时各浇水1次，冬季光照弱，温度低，隔周浇水1次已足够，宜在上午10时前进行。如遇寒潮来袭，不宜浇水，保持干燥，待寒潮过后再恢复浇水。浇水的原则是见干见湿，当栽培基质表面变干时再浇1次，水温应与室温接近。当室内空气干燥时，可用喷雾器直接向叶面喷雾，见叶面潮湿即可，但要注意，花期喷水不可将水雾喷到花朵上。自来水应贮存72 h以上方可浇灌。

（4）基质

蝴蝶兰对介质要求较高，需疏松透气，排水良好，保水性强，国内目前生产上常见的栽培介质主要以水苔为主。

（5）肥料

蝴蝶兰要全年施肥，除非低温持续很久，否则不应停肥。冬天为蝴蝶兰的花芽分化期，停肥很容易导致无花或花少。春夏期间为生长期，可每隔7～10 d施用1次稀薄液肥，宜用有机肥，也可施用蝴蝶兰专用营养液，但有花蕾时勿施，否则容易提早落蕾。夏天长叶（即花期过后），可以追施氮肥和钾肥。秋冬花茎生长期则可用磷肥，但要稀薄，每隔2～3周施用1次。施肥的时间在下午浇水以后，施肥数次后，要用大量水冲洗兰盆及兰株，以免残留的无机盐类危害根部。

（6）通风

蝴蝶兰的正常生长需要流动的新鲜空气，故家养蝴蝶兰通风一定要良好，尤其是在夏季高湿期，可利用风扇加强通风来防暑，同时也能避免病虫害的感染。

（7）繁殖

蝴蝶兰繁殖方法主要有播种繁殖法、花梗催芽繁殖法、断心催芽繁殖法、切茎繁殖法和组织培养法5种。

播种繁殖法：此法能繁育出大量优良的种苗，而且不易传染病毒和其他病害，还能利用杂交的手段来培育更优良、更新奇、更多花色花型的新品种。将已开裂蒴果散发出来的种子播于亲本植株的花盆中，这是由于亲本植株的植料中或许存在有蝴蝶兰种子发芽时所必要的共生菌。自然播种法简单易行，无需复杂的无菌程序和操作工具，适用于一般家庭蝴蝶兰种植者，但此法成功的机会甚微，极少应用。

花梗催芽繁殖法：许多品种的蝴蝶兰在花凋谢后，其花梗的节间上常能长出带根的小苗，剪下另行种植就能长成一株新的蝴蝶兰。可采用人工催芽的方法确保蝴蝶兰的花梗长出花梗苗，用于繁殖。方法是先将花梗中已开完花的部分剪去，然后用刀片或利刃仔细地将花梗上部第一至第三节节间的苞片切除，露出节间中的芽点；用棉签将催芽剂或吲哚丁酸等激素均匀地涂抹在裸露的节间节点上；处理后将兰株置于半阴处，温度保持在25～28 ℃，2～3周后可见芽体长出叶片，3个月后长成具有3～4片叶并带有气生根的蝴蝶兰小苗；切下小苗上盆，便可成为一棵新的兰株。

断心催芽繁殖法：兰株因冻害、虫害、病害以及人为等因素而致使其生长点遭到破坏后，经过一段时间，会从兰株近基部的茎节上长出1～2个新芽。可以利用这一特点来繁殖蝴蝶兰。具体的操作方法是将茎顶最高的心叶抽掉，注意要将茎尖生长点破坏，使其无法向上生长；伤口晾干或用杀菌剂涂抹消毒灭菌，经过一段时间即能在近基部的茎节上长出2～3个新芽；待新芽长大并有根系从基部长出时，就可切下另行种植，成为一棵新的植株。

切茎繁殖法：切茎繁殖法的原理是破坏茎尖生长点，以诱发潜伏芽生长。蝴蝶兰植株的叶腋处虽有潜伏芽1～3个，但多不能萌芽成株。可待植株不断向上生长、茎节较长后，再将植株带有根的上部用消毒过的利刃或剪刀切断，植入新盆使其继续生长，下部留有根茎的部分给予适当的水分管理，不久就可萌生新芽1～3个（依植株本身的性状及管理方法而定）。如植株的茎较长，亦可考虑分切多段，只要每段有2～3节节间或长2～3 cm以上并有根一条以上者，就有可能长成一棵新的植株，但如果植株的根茎均已干枯死亡，则此法无效。

组织培养法：采用组织培养法来繁殖蝴蝶兰，可以获得与母株完全相同的优良的遗传特性。通过这种方法产生的蝴蝶兰苗通常称为分生苗或组织苗。用于进行分生培养的植物组织（外植体）可以是顶芽（茎尖）、茎段（休眠芽），也可以是幼嫩的叶片或根尖，但目前最常见的是采用蝴蝶兰的花梗。因为选用花梗作为外植体，不仅不会损伤植株，而且诱导容易。较老的花梗或已开花的花梗主要取其花梗节芽，而幼嫩的花梗除了花梗节芽外，花梗节间也可作为培养的材料。

7.万代兰类（*Vanda*）

万代兰是对兰科万代兰属（*Vanda*）内原种与园艺杂交种的总称。附生兰科草本，名字源于印度乌尔都语，意思就是附生于树上，19世纪末期首次在印度被发现。现分布于亚洲太平洋热带地区，该属中的很多种都处于濒危状态，已被列入《濒临绝种野生动植物国际贸易公约》的附录二中，全球范围内进出口被管制，本属物种都是著名的观赏兰花。一些物种是园艺上杂交育种的重要亲本植物。该属模式种是网格万代兰，其中卓锦万代兰是新加坡的国花。本属中大花万代兰属于世界濒危植物。

万代兰类的栽培与养护

（1）光照

万代兰需要较强的光线，夏季高温季节只需遮光40%～50%，冬季及早春可以全光照条件下栽培。

（2）温度

喜高温环境。最适宜温度为20～30 ℃。因当地全年无霜，万代兰在任何季节都能正常开花。

（3）水分

万代兰都是典型的热带气生植物，日常管理中必须保证充足的水分和空气湿度。在雨季靠自然条件即可保持旺盛的长势。干季必须通过人工洒水使空气湿度保持在80%左右。

（4）施肥

万代兰所需的肥料较其他洋兰高，因此在生长旺盛期间，可每7～10 d施用稀释的肥料1次。最佳的肥料是氮、磷、钾的比例为10：10：5。

（5）基质

万代兰的根属气生根，因此凡排水良好的介质都能适用，像蛇木屑、碎砖块、木炭、粗砾砂等，无论是单独或混合使用都是很好的盆土。种植万代兰除了介质外，盆钵亦须相当讲究，在多种材质的盆钵中，以木条盆及陶盆为优，而且在盆上多穿几个洞，更有利于排水良好及空气流通。除了木条盆及陶盆外，万代兰亦能在蛇木板或树干上生长良好。无论用何种方式栽培，切记盆土必须排水及通气均非常良好。

（6）通风

良好的空气流通是万代兰栽培的必要条件，因此家庭栽培需选择通风良好的环境，忌闷热环境，夏季可采用风扇加强通风，更能帮助万代兰消暑越夏。

（7）繁殖

万代兰可以高芽繁殖，于秋末时，万代兰在叶腋处会长出高芽，当高芽长至5～7.5 cm时，用锋利及已消毒的刀子，自母株切下高芽，并种植在装有蛇木屑的盆子中，可移植至较大的盆子。切记切口上必须涂药，以免受病菌感染。另外，当多年栽培的植株长到1 m以上时，可将长30～46 cm的顶芽切下，并涂药消毒两边切口，然后种植在盆中，保持潮湿即可。

二、国兰类

国兰也叫中国兰花，古代称之为兰蕙。我国原产的兰科植物有1 200余种，兰属植物有30余种，而国兰通常仅仅指兰科兰属中传统栽培的春兰、蕙兰、寒兰、墨兰、建兰、春剑兰、莲瓣兰7个种。

国兰在我国的栽培历史悠久，在长期的栽培过程中涌现了众多的品系，同时形成了符合东方审美情趣的评价体系。特别在我国长江流域及以南地区种植最广，普及程度很高。养兰要牢记古训12字诀："春不出，夏不晒，秋不干，冬不湿。"

国兰类的栽培与养护

（1）光照

国兰属半阴性植物，多数种类忌阳光直晒，需适当遮阴。兰花4月上中旬可去网开窗，多照阳光促其生长。5月除中午阳光外，可照6 h；从6月开始，全天候遮阴，10月以后，除中阳外，可以全敞开养护。需要记住谚语："阴多叶好，阳多花好。"此外对于线艺类国兰而言，对光照的需求较少，栽培养护的时候需要引起注意。

（2）温度

国兰多产于亚热带、热带的疏林下或山谷溪流旁，喜温暖湿润环境。原生境下，夏天适宜温度接近30 ℃，夜间温度一般不超过20 ℃，冬季气温不低于0 ℃。在家庭栽培时，适宜温度为15～28 ℃，有利于积累养分，健康生长。开花期温度控制在10～18 ℃，越冬温度不宜低于5 ℃。夏季温度高于35 ℃，生长会受阻。

（3）水分

传统经验中对国兰水分习性的认识是"喜干而畏燥，喜润而畏湿，喜雨而畏潦"，水分管理技术操作是"干而不燥，润而不湿，防渍水"。传统管水经验在操作上的实质，是养兰的有效水分控制的范围值，是先人对这个范围值高度精炼、形象的概括。一般来说，国兰以七分干三分湿为宜，土壤过湿极易烂根。上盆后的兰花一定要放在荫蔽处，每1～2 d早晨喷洒水1次，直至现新芽才移向稍向阳处。兰花浇以雨水、雪水最好，河水或井水稍次，自来水则需在缸中存放几天再使用。冬季温度低应少浇，且以晴天中午气温较高时为宜；夏季植株生长旺盛，气温高应多浇，每天喷雾1～2次，浇水1～2次，但应在清晨或傍晚时浇；春秋两季每天下午浇水1次即可，保持盆土干湿均匀。不论何时浇水，忌盆内积水，防止烂根。除浇水外，空气湿度也很重要，保持湿度70%～80%以利兰花的生长。浇水时可采用浸盆法，即将花带盆浸入水中，盆沿露出水面，浸10 h左右，花土充分吸水后即可；或者从盆边浇入，浇透为止，不可浇入花蕾和叶丛，以免引起腐烂。为保持湿度，可用喷壶适量喷水，至叶面湿润即可。

（4）基质

选用保肥、排水良好、肥力偏强、偏酸性(pH 5.5～7.0)的腐殖土或黑山泥(松针土为佳)。如果采用无土栽培，其基质则多选用锯木屑、苔藓、沙粒、朽木、蛭石粉、吸水石、树皮、椰子壳等，进行消毒灭菌之后，浸入专门配制的营养液即可上盆。

（5）肥料

适宜兰花的肥料种类很多，以有机肥为主，如充分腐熟的豆饼水、马蹄酱渣水、牛粪水、草木灰水、青草汁、鱼腥水和发酵后的淘米水以及动物骨粉，施此类肥时间应在晴天的上午10时左右为佳；还可施用颗粒状复合肥或盆花专用肥，施用氮磷钾肥时必须稀释。春夏生长旺季应多施肥，每月追施稀薄肥液2～3次，但气温过高时应停止施肥；秋冬季生长缓慢，应少施肥。施肥宜稀忌浓，采用薄肥勤施，施肥后喷少量清水，防止污染叶片。施肥一般需在晴天，阴天易烂根。

（6）通风

国兰喜空气清新、通风良好环境。其长势好坏与通风条件有很大关系，通风不良、闷热潮湿环境，其易受病虫害危害。家庭养兰可将兰盆置通风良好处，一般须要高脚兰架，离地80～120 cm为宜。亦可用电风扇，加强对流。

（7）繁殖

国兰多采用分株法繁殖。国兰每年仅发新根新叶1次，生长比较缓慢。一般品种，2~3年分株换盆1次；珍贵品种3~4年分株换盆1次。一般以在花朵凋谢的半月后分株换盆好，这样既不影响下次开花，也不损伤叶芽，还可通过分株促进叶芽分蘖。换盆时，注意兰花不宜保留宿土，要轻拍土坨抖散土层，亮出根部，并用清水洗净晾干后再栽。如须分株，可用剪刀顺其脉络，分作若干簇，每簇保留3个芽，都应具有老根和新株，同时具备4个假鳞茎，剪口用炭灰、草木灰或硫黄粉涂抹防腐，放阴凉处3～4 h，待根发白干燥再分栽上盆。

001 春兰 *Cymbidium goeringii*

地生植物。假鳞茎较小，卵球形，长1～2.5 cm，宽1～1.5 cm，包藏于叶基之内。叶4～7枚，带形，通常较短小，长20～40 cm，宽5～9 mm，下部常多少对折而呈V形，边缘无齿或具细齿。花葶从假鳞茎基部外侧叶腋中抽出，直立，长3～15 cm，极罕更高，明显短于叶；花序具单朵花，极罕2朵；花色泽变化较大，通常为绿色或淡褐黄色而有紫褐色脉纹，有香气。蒴果狭椭圆形。花期1—3月。

产陕西南部、甘肃南部、江苏、安徽、浙江、江西、福建、台湾、河南南部、湖北、湖南、广东、广西、四川、贵州和云南。生于多石山坡、林缘、林中透光处，海拔300～2 200 m，在台湾可上升到3 000 m。日本和朝鲜半岛南端也有分布。

002 蕙兰 *Cymbidium faberi*

地生草本。假鳞茎不明显。叶5～8枚，带形，直立性强，长25～80 cm，宽7～12 mm，基部常对折而呈V形，叶脉透亮，边缘常有粗锯齿。花葶从叶丛基部最外面的叶腋抽出，近直立或稍外弯，长35～50 cm，被多枚长鞘；总状花序具5～11朵或更多的花；花常为浅黄绿色，唇瓣有紫红色斑，有香气。蒴果近狭椭圆形。花期3—5月。

产陕西南部、甘肃南部、安徽、浙江、江西、福建、台湾、河南南部、湖北、湖南、广东、广西、四川、贵州、云南和西藏东部。生于湿润但排水良好的透光处，海拔700～3 000 m。尼泊尔和印度北部也有分布。

003 寒兰 *Cymbidium kanran*

地生植物。假鳞茎狭卵球形，长2～4 cm，宽1～1.5 cm，包藏于叶基之内。叶3～5(～7)枚，带形，薄革质，暗绿色，略有光泽，长40～70 cm，宽9～17 mm，前部边缘常有细齿。花葶发自假鳞茎基部，长25～80 cm，直立；总状花序疏生5～12朵花；花常为淡黄绿色而具淡黄色唇瓣，也有其他色泽，常有浓烈香气。蒴果狭椭圆形。花期8—12月。

产安徽、浙江、江西、福建、台湾、湖南、广东、海南、广西、四川、贵州和云南。生于林下、溪谷旁或稍荫蔽、湿润、多石之土壤上，海拔400～2 400 m。日本南部和朝鲜半岛南端也有分布。

004 墨兰 *Cymbidium sinense*

别名：报岁兰。地生植物。假鳞茎卵球形，长2.5～6 cm，宽1.5～2.5 cm，包藏于叶基之内。叶3～5枚，带形，近薄革质，暗绿色，长45～80 cm，宽1.5～3 cm，有光泽。花葶从假鳞茎基部发出，直立，较粗壮，长40～90 cm，一般略长于叶；总状花序具10～20朵或更多的花；花的色泽变化较大，较常为暗紫色或紫褐色而具浅色唇瓣，也有黄绿色、桃红色或白色的，一般有较浓的香气。蒴果狭椭圆形。花期10月—次年3月。

产安徽南部、江西南部、福建、台湾、广东、海南、广西、四川（峨眉山）、贵州西南部和云南。生于林下、灌木林中或溪谷旁湿润但排水良好的荫蔽处，海拔300～2 000 m。印度、缅甸、越南、泰国和日本琉球群岛也有分布。

005 建兰 *Cymbidium ensifolium*

别名：四季兰。地生植物。假鳞茎卵球形，长1.5～2.5 cm，宽1～1.5 cm，包藏于叶基之内。叶2～4 枚，带形，有光泽，长30～60 cm，宽1～1.5 cm。花葶从假鳞茎基部发出，直立，长20～35 cm或更长，但一般短于叶；总状花序具3～9朵花；花常有香气，色泽变化较大，通常为浅黄绿色而具紫斑。蒴果狭椭圆形。花期通常为6—10月。

产安徽、浙江、江西、福建、台湾、湖南、广东、海南、广西、四川西南部、贵州和云南。生于疏林下、灌丛中、山谷旁或草丛中，海拔600～1 800 m。广泛分布于东南亚和南亚各国，北至日本。

006 春剑兰 *Cymbidium goeringii* var. *longibracteatum*

为春兰变种。叶长50～70 cm，宽1.2～1.5 cm，质地坚挺，直立性强。花3～5（～7）朵；花苞片长于花梗和子房，宽阔，常包围子房；萼片与花瓣不扭曲。花期1—3月。

产四川、贵州和云南。生于杂木丛生山坡上多石之地，海拔1 000～2 500 m。

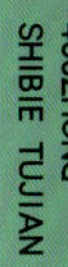

007 莲瓣兰 *Cymbidium goeringii* var. *tortisepalum*

叶长30～65 cm，宽4～12 mm，质地柔软，弯曲。花2～4（～5）朵；花苞片长于或等长于花梗和子房，披针形；萼片与花瓣扭曲或不扭曲。花期12月—次年3月。

产台湾与云南西部。生于草坡或透光的林中或林缘，海拔800～2 000 m。

第三篇　野生兰花种类

脆兰属 *Acampe*

001 窄果脆兰 *Acampe ochracea*

（叶德平/摄）

附生植物。茎长达1 m，具多数疏生、二列的叶。花序具许多短的分枝；每个分枝为1个总状花序，具2～6朵花；花稍有香气，萼片和花瓣黄绿色带红褐色横纹和斑块；唇瓣白色带紫红色斑点，稍3裂；中裂片背面具1个短圆锥状凸起，上面具许多小瘤状突起。花期 12月，果期3—4月。

产云南南部。附生于海拔700～1 100 m的山地林缘或疏林中树干、岩壁上。分布于斯里兰卡、印度、不丹、缅甸、泰国、老挝、柬埔寨和越南。

（叶德平/摄）

002 多花脆兰 *Acampe rigida*

（叶德平/摄）

大型附生植物。花序腋生或与叶对生，不分枝或有时具短分枝，具多数花；花黄色带紫褐色横纹，不甚开展，具香气，萼片和花瓣近直立；唇瓣白色，厚肉质，3 裂；距圆锥形，内壁密被毛。花期8—9月，果期10—11月。

产广东南部、香港、海南、广西西南部、贵州南部和云南南部。附生于海拔560～1 600 m的林中树干或林下岩石上。广泛分布于热带喜马拉雅、印度、缅甸、泰国、老挝、越南、柬埔寨、马来西亚和斯里兰卡。

（叶德平/摄）

003 锥囊坛花兰 *Acanthephippium striatum*

地生植物。假鳞茎长卵形，顶生1～2枚叶。花白色带红色脉纹；萼囊向末端延伸而呈距状的狭圆锥形；唇瓣中裂片基部两侧各具1个红色斑块。花期4—7月。

产福建、台湾、广西和云南南部。生于海拔约1 450 m的沟谷、溪边或密林下阴湿处。分布于尼泊尔、不丹、印度、越南、泰国、马来西亚和印度尼西亚。

（叶德平/摄）

004 坛花兰 *Acantheplrlppium sylhetense*

地生植物。假鳞茎卵状圆柱形，长达15 cm。叶 2～4枚，互生于假鳞茎上端。总状花序具3～4朵花；花白色或稻草黄色，内面在中部以上具紫褐色斑点。花期4—7月。

产云南南部和台湾。生于海拔800～1 100 m的密林下或沟谷林下阴湿处。分布于印度、缅甸、老挝、泰国和马来西亚。

（叶德平/摄）

（叶德平/摄）

005 扇唇指甲兰 *Aerides flabellata*

（叶德平/摄）

附生植物。花黄褐色带红褐色斑点；唇瓣白色带淡紫色斑点，3裂；中裂片前端白色带紫色斑点，上部扩大为扇形，先端凹入，边缘具不整齐的缺刻，下部具长约1.5 cm的爪；距黄色而末端污黑色，圆筒状，向前弯曲而末端指向唇瓣中裂片的背面。花期5—6月。

产云南东南部至南部。生于海拔600～1 700 m的林缘和山地疏生的常绿阔叶林中树干上。分布于缅甸、老挝和泰国。

（叶德平/摄）

006 禾叶兰 *Agrostophyllum callosum*

附生植物。茎直立，不分枝，中下部圆柱形，上部多少压扁，具多枚二列排列的禾状叶。花淡红色或白色而带紫红色晕，很小；唇瓣近宽长圆形，中部略缢缩，基部凹陷成浅囊状，内有1枚胼胝体，胼胝体向两侧呈2叉状分枝。花果期7—8月。

产海南东北部至西南部和云南西南部至东南部。生于密林中树上，海拔900～2 400 m。尼泊尔、不丹、印度、缅甸、泰国和越南也有分布。

（叶德平/摄）

（蒋宏/摄）

007 无柱兰 *Amitostigma gracile*

别名：细葶无柱兰。地生植物。近基部具1枚大叶，在叶之上具1～2枚苞片状小叶。总状花序具5～20余朵花，偏向一侧；花小，粉红色或紫红色；唇瓣具距，中部之上3裂；距纤细下垂。花期6—7月。果期9—10月。

（吴棣飞/摄）

产辽宁、河北、陕西、山东、江苏、安徽、浙江、福建、台湾、河南、湖北、湖南、广西东北部、四川和贵州东南部。生于海拔180～3 000 m的山坡沟谷边或林下阴湿处覆有土的岩石上或山坡灌丛下。朝鲜半岛和日本也有分布。

（吴棣飞/摄）

008 大花无柱兰 *Amitostigma pinguiculum*

地生草本。叶片线状倒披针形、狭椭圆形至长圆状卵形。花序具1朵（极罕2朵）花；花在属中最大，玫瑰红色或紫红色；瓣向前伸展，扇形，前部3裂；距圆锥形，与子房等长或长于子房。花期4—5月。

产浙江。生于海拔250～400 m的山坡林下覆有土的岩石或沟边阴湿草地上。

（姚一麟/摄）

（吴棣飞/摄）

（鲍洪华/摄）

009 滇越金线兰 *Anoectochilus chapaemis*

（叶德平/摄）

根状茎匍匐，节上生根。叶片偏斜的卵形，上面黑绿色，具金红色带有绢丝光泽的美丽网脉。花较大，白色，不倒置；唇瓣上举，呈Y字形，基部具圆锥状距，中部爪的前部两侧各具2条短流苏，而后部两侧各具1枚长方形其边缘具细钝齿的片。花期7—8月。

产云南东南部至南部。生于海拔1 380 m的山坡密林中阴湿地上。越南也有分布。

（刘强/摄）

010 金线兰 *Anoectochilus roxburghii*

地生植物。叶片上面暗紫色，具金红色带有绢丝光泽的美丽网脉，背面淡紫红色。总状花序具2～6朵花；花白色或淡红色，不倒置；唇瓣呈Y字形，基部具圆锥状距，前部扩大并2裂，中部收狭成长4～5的爪，其两侧具流苏状细裂条。花期8—11月。

（吴棣飞/摄）

产浙江、江西、福建、湖南、广东、海南、广西、四川、云南东南部至西南部和西藏。生于海拔1 200～1 600 m的常绿阔叶林下或沟谷阴湿处。

（吴棣飞/摄）

011 一柱齿唇兰 *Anoectochilus torous*

地生植物。根状茎伸长，匍匐，具节。叶片上面深绿色，背面淡绿色。总状花序具多数较密生的花；花较大，倒置；萼片紫绿色；花瓣绿白色，具褐紫色斑纹；唇瓣白色，向前伸展，呈Y字形，基部稍扩大并凹陷呈近球形的囊，中部收狭成爪，爪前部两侧具数条不等长的流苏或流苏状的齿。花期7—9月。

（叶德平/摄）

产广西、云南（南部至西南部）和西藏。生于海拔约1 250 m的山坡或沟谷密林下地上或岩石上覆土中。

（叶德平/摄）

012 香港金线兰 *Anoectochilus yungianus*

叶片卵形，最上面的1枚叶最小，肉质，上面呈鹅绒状暗绿色，具金红色带丝绒光泽的美丽网脉，背面暗紫色。花白色；萼片背面被腺状柔毛，灰绿带粉红色，具1脉；唇瓣中部收狭成两侧边缘各具5～6条长约4 mm的流苏状细条的爪。花期2月。

产我国香港。生于林中阴湿处。

（陈亮俊/摄）

013 筒瓣兰 *Anthogonium gracile*

（叶德平/摄）

地生植物。假鳞茎圆球形，顶生2～5枚叶。花葶直立，不分枝或偶然在上部分枝；疏生数朵花；花下倾，纯紫红色或白色而带紫红色的唇瓣；萼片下半部合生成狭筒状，上半部分离。花期8—10月。

产广西西部、贵州西南部、云南东南部至西南部和西藏东南部。生于海拔1 180～2 300 m的山坡草丛中或灌丛下。热带喜马拉雅、缅甸、泰国、老挝和越南也有分布。

（叶德平/摄）

无叶兰属 *Aphyllorchis*

014 无叶兰 *Aphyllorchis montana*

（叶德平/摄）

腐生植物。具直生、多节的根状茎。花黄色或黄褐色，近平展，后期常下垂；唇瓣在下部接近基部处缢缩而形成上下唇。花期7—9月。

产广西、云南南部、台湾北部和海南。生于海拔1 000～1 500 m的林下或疏林下。印度、斯里兰卡、越南、柬埔寨、泰国、马来西亚、印度尼西亚、菲律宾和日本均有分布。

（叶德平/摄）

015 拟兰 *Apostasia odorata*

（叶德平/摄）

地生植物。根状茎较长，常发出少数支柱状根。叶片披针形或线状披针形，先端具长芒尖，基部收狭成柄。圆锥状花序顶生，通常有10余朵淡黄色花；蕊柱背侧在退化雄蕊下方具2个突出的翅。花果期5—7月。

产广东北部至南部、海南、广西西南部和云南南部。生于海拔690～1 200 m的林下。越南、老挝、柬埔寨、泰国、马来西亚、印度尼西亚和印度也有分布。

（李剑武/摄）

016 牛齿兰 *Appendicula cornuta*

附生草本。茎丛生，直立或悬垂。总状花序顶生或侧生，短于叶；花小，白色；唇瓣近中部略缢缩，在上部具1枚肥厚的褶片状附属物，近基部具1枚膜片状附属物。花期7—8月，果期9—10月。

产广东南部、香港和海南。生于林中岩石或阴湿石壁上，海拔800 m以下。印度、缅甸、泰国、越南、马来西亚、印度尼西亚和菲律宾也有分布。

（叶德平/摄）

（陈亮俊/摄）

蜘蛛兰属 *Arachnis*

017 窄唇蜘蛛兰 *Arachnis labrosa*

（叶德平/摄）

附生植物。茎伸长，达150 cm。花序斜出，长达1 m，具分枝；花淡黄色带红棕色斑点，开展；萼片和花瓣倒披针形；唇瓣3裂；中裂片先端锐尖或稍钝并且其背面具1个圆锥形肉突，基部中央凹陷，而其两侧各具1个指向后方的乳突。花期8—9月。

产台湾、海南、广西和云南南部。生于海拔800～1 200 m的山地林缘树干或山谷悬岩上。分布于不丹、印度东北部、缅甸、泰国和越南。

（叶德平/摄）

018 竹叶兰 *Arundina graminifolia*

地生植物。茎细竹秆状，直立，有时可高达2 m以上。花序总状或基部有1～2个分枝而成圆锥状，具2～10朵花；花粉红色或略带紫色或白色；唇瓣中裂片先端2浅裂或微凹。花果期主要为9—11月。

产浙江、江西、福建、台湾、湖南南部、广东、海南、广西、四川南部、贵州、云南和西藏东南部。生于草坡、溪谷旁、灌丛下或林中，海拔400～2 800 m。尼泊尔、不丹、印度、斯里兰卡、缅甸、越南、老挝、柬埔寨、泰国、马来西亚、印度尼西亚、琉球群岛和塔希提岛也有分布。

（吴棣飞/摄）

（吴棣飞/摄）

鸟舌兰属 *Ascocentrum*

019 鸟舌兰 *Ascocentrum ampullaceum*

附生植物。叶厚革质，下部常V字形对折。花在花蕾时黄绿色，开放后朱红色；萼片和花瓣近相似，宽卵形；唇瓣3裂；中裂片与距呈直角向外伸展，狭长圆形，基部（在距口处）两侧各具1枚黄色的胼胝体；距棒状圆筒形，与萼片近等长。花期4—5月。

（叶德平/摄）

产云南南部至东南部。生于海拔1 100～1 500 m的常绿阔叶林中树干上。从喜马拉雅西北部经尼泊尔、不丹、印度东北部到缅甸、泰国和老挝都有分布。

（叶德平/摄）

020 圆柱叶鸟舌兰 *Ascocentrum himalaicum*

附生植物。叶半圆柱形，长达50 cm，近轴面具1条纵沟。总状花序具10余朵花；花小，不甚张开；萼片和花瓣红色；唇瓣白色，3裂；两侧裂片之间具1枚胼胝体；距细圆筒形，朝上弯曲呈镰刀状。花期11月。

产云南西部和西北部。生于海拔约1 900 m的常绿阔叶林中树干上。分布于不丹、印度和缅甸。

（叶德平/摄）

021 小白及 *Bletilla formosana*

（吴棣飞/摄）

地生植物。假鳞茎扁卵球形，上面具荸荠似的环带，具3～5枚叶。总状花序具2～6朵花；花序轴或多或少呈之字状曲折；花较小，淡紫色或粉红色，罕白色；唇盘上具5条纵脊状褶片。花期4—6月。

产陕西南部、甘肃东南部、江西、台湾、广西、四川、贵州、云南中部至西北部和西藏东南部。生于海拔600～3 100 m的常绿阔叶林、栎林、针叶林下、路边、沟谷草地或草坡及岩石缝中。日本也有分布。

（吴棣飞/摄）

022 白及 *Bletiila striata*

地生植物。花序具3～10朵花，常不分枝或极罕分枝；花序轴或多或少呈之字状曲折；花大，紫红色或粉红色；萼片和花瓣近等长，狭长圆形；唇瓣较萼片和花瓣稍短，倒卵状椭圆形，具紫色脉；唇盘上面具5条纵褶片。花期4—5月。

产陕西南部、甘肃东南部、江苏、安徽、浙江、江西、福建、湖北、湖南、广东、广西、四川、贵州和云南。生于海拔100～3 200 m的常绿阔叶林、栎树林或针叶林下以及路边草丛或岩石缝中，在北京和天津有栽培。朝鲜半岛和日本也有分布。

（吴棣飞/摄）

023 赤唇石豆兰 *Bulbophyllum affine*

（叶德平/摄）

附生植物。假鳞茎近圆柱形。花单朵，淡黄色带紫色条纹，质地较厚；蕊柱齿不明显；药帽僧帽状或长圆锥形。花期5—7月。

产台湾、广东西部、海南、广西、四川和云南南部。生于海拔100～1 550 m的林中树干或沟谷岩石上。从喜马拉雅西北部经尼泊尔、不丹、印度东北部、日本琉球群岛、泰国、老挝到越南均有分布。

（叶德平/摄）

024 芳香石豆兰 *Bulbophyllum ambrosia*

附生植物。根状茎粗2～3 mm，被覆瓦状鳞片状鞘，每相距3～9 cm生1个假鳞茎。根成束从假鳞茎基部长出。假鳞茎疏生，圆柱形。单花，多少点垂，淡黄色带紫色；侧萼片斜卵状三角形，中部以上偏侧而扭曲呈喙状，基部贴生于蕊柱足而形成宽钝的萼囊；唇瓣上面具1～2条肉质褶片。花期通常2—5月。

产福建东部和南部、广东西部、海南、香港、广西西部和云南东南部至南部。生于海拔约1 300 m的山地林中树干上。分布于越南。

（陈亮俊/摄）

（陈亮俊/摄）

025 大叶卷瓣兰 *Bulbophyllum amplifolium*

附生植物。叶大，革质，椭圆形或椭圆状长圆形，长8～21 cm，中部宽达8.5 cm。花大，淡黄褐色；中萼片边缘近先端处稍具细齿，先端具1条长约8 mm的刚毛，刚毛先端膨大呈棒状；花瓣边缘篦齿状，先端具与中萼片相同的刚毛；蕊柱齿镰刀状，大而宽扁，高出药帽之上，长约5 mm。花期10—11月。

产贵州南部、云南西北部和西藏东南部。生于海拔1 700～2 000 m的常绿阔叶林的林缘岩石上。分布于不丹、印度东北部和缅甸。

（叶德平/摄）

026 梳帽卷瓣兰 *Bulbophyllum andersonii*

附生植物。假鳞茎疏生，卵状圆锥形或狭卵形。伞形花序具数朵花；花浅白色密布紫红色斑点；中萼片先端具长芒；侧萼片基部上方扭转而上下侧边缘除基部和先端外分别彼此黏合；花瓣先端具长芒；药帽先端边缘篦齿状。花期2—10月。

（叶德平/摄）

产广西、四川中南部、贵州南部至西南部和云南东南部经南部至西南部。生于海拔400～2 000 m的山地林中树干或林下岩石上。分布于印度东北部、缅甸和越南。

（叶德平/摄）

027 尖叶石豆兰 *Bulbophyllum cariniflorum*

（叶德平/摄）

附生植物。假鳞茎聚生，卵球形，顶生2枚叶。花期具叶，花葶比叶短；花黄色，不甚开展，质地较厚；两侧萼片的下侧边缘除先端外彼此黏合，先端呈兜状，基部约1/2贴生在蕊柱足上。花期7月。

产云南南部和西藏。生于海拔2 100～2 200 m的山地杂木林下岩石上。分布于尼泊尔、不丹、印度和泰国。

（叶德平/摄）

028 尾萼卷瓣兰 *Bulbophyllum caudatum*

附生植物。假鳞茎疏生，具纵条棱。顶生伞形花序具多数花；花白色；侧萼片披针形，比中萼片长5～7倍，先端延伸呈长尾状，彼此离生并且平行或稍叉开；唇瓣基部具柄。花期6—7月。

产云南南部和西藏。生于海拔850～1 300 m的常绿阔叶林中树干上。分布于尼泊尔和印度。

（叶德平/摄）

（叶德平/摄）

029 环唇石豆兰 *Bulbophyllum corallinum*

附生植物。假鳞茎在根状茎上彼此靠近或稍疏离。总状花序很短，密生数朵褐红色小花；唇瓣向外下弯呈半环状，边缘密生白色长柔毛；蕊柱齿镰刀状，长约1 mm。花期3—9月。

产云南东南部至南部和西藏。生于海拔1 150～1 530 m的山坡疏林中树干上。分布于越南和泰国。

（叶德平/摄）

030 尖角卷瓣兰 *Bulbophyllum forrestii*

附生植物。总状花序缩短呈伞形，达10朵花；花杏黄色；中萼片边缘全缘；侧萼片基部上方扭转而两侧萼片的上、下侧边缘分别彼此黏合；花瓣边缘具不整齐的细齿。花期5—6月。

产云南南部至西北部。生于海拔1 800～2 000 m的山地林中树干上。分布于缅甸和泰国。

（叶德平/摄）

031 海南石豆兰 *Bulbophyllum hainanense*

（叶德平/摄）

附生植物。无假鳞茎。叶出自根状茎的节上，彼此相距1～1.5 cm。花葶出自生有叶的根状茎节上，高出叶外；花纯黄色，稍垂头；唇瓣中部以上骤然收狭而呈3裂，唇盘具1对八字形的胼胝体。花期11月。

产海南和云南南部。生于海拔约500 m的混交林中树干上。

（叶德平/摄）

032 落叶石豆兰 *Bulbophyllum hirtum*

附生植物。假鳞茎顶生2枚叶，花期无叶。总状花序被柔毛，密生许多小花；花绿白毛；萼片分离，背面密被短柔毛；花瓣边缘具流苏；唇瓣边缘具睫毛。花期7月。

产云南南部。生于海拔约1 800 m的山地常绿阔叶林中树干上。分布于尼泊尔、印度、缅甸、泰国和越南。

（叶德平/摄）

033 瘤唇卷瓣兰 *Bublophyllum japonicum*

（吴棣飞/摄）

假鳞茎卵球形，顶生1枚叶。花葶通常高出叶外；伞形花序具2～4朵花；花紫红色；唇瓣肉质，舌状，先端扩大呈拳卷状。花期6月。

产福建北部、台湾、湖南西南部、广东、广西东部至东北部和浙江（黄岩、丽水）。生于海拔600～1 500 m的山地阔叶林中树干或沟谷阴湿岩石上。日本也有分布。

（鲍洪华/摄）

034 白花卷瓣兰 *Bulbophyllum khaoyaiense*

假鳞茎聚生，顶生2枚叶。总状花序从花序轴基部向下弯垂，通常具10余朵花；花偏向一侧，白色带紫红色唇瓣，质地薄；中萼片狭卵状三角形，全缘；花瓣狭三角形，边缘疏生流苏；蕊柱齿钻状，向前弯曲呈钩状。花期3月。

产云南南部。生于海拔约1 400 m的山坡林中树干上。分布于泰国。

（叶德平/摄）

035 广东石豆兰 *Bublophyllum kwangtungense*

（吴棣飞/摄）

附生植物。假鳞茎疏生，圆柱状。总状花序缩短呈伞状；花淡黄色；萼片离生，狭披针形，中部以上两侧边缘内卷；唇瓣肉质，狭披针形，上面具2～3条小的龙骨脊，其在唇瓣中部以上汇合成1条粗厚的脊。花期5—8月。

产浙江、福建、江西南部至西部、湖北、湖南西南部、广东、香港、广西中部至北部、贵州东南部和云南东南部。通常生于海拔约800 m的山坡林下岩石上。

（吴棣飞/摄）

036 齿瓣石豆兰 *Bulboohyllum levinei*

附生植物。假鳞茎近圆柱形或瓶状。花膜质，白色带紫；中萼片、花瓣边缘具细齿；侧萼片先端骤狭呈尾状；蕊柱齿很短，丝状。花期5—8月。

产浙江、福建、江西西南部、湖南东南部、广东南部至北部、香港、广西和云南东南部。通常生于海拔约800 m的山地林中树干或沟谷岩石上。

(吴棣飞/摄)

(吴棣飞/摄)

(吴棣飞/摄)

037 长臂卷瓣兰 *Bulbophyllum longibrachiatum*

附生植物。伞形花序具3～4朵花；花淡黄绿色带紫色；中萼片中部以上边缘具流苏；侧萼片边缘全缘，基部上方扭转而两侧萼片的上下侧边缘彼此黏合；花瓣镰状披针形，边缘密生流苏；蕊柱齿长达5 mm，基部稍扭曲而水平状伸展。花期11月。

产云南东南部。生于海拔1 300～1 600 m的山地林中树干上。

（叶德平/摄）

038 勐海石豆兰 *Bulbophyllum menghaiense*

附生植物。植株矮小，匍匐。假鳞茎彼此紧靠呈现串珠状。花褐色，有较深色的脉，质地薄；萼片具3条脉；蕊柱齿狭镰刀状；花期7月。

产云南南部。生于海拔约1 500 m的山地林中树干上。

（叶德平/摄）

039 钩梗石豆兰 *Bulbophyllum nigrescens*

（叶德平/摄）

附生植物。花葶远高出叶外，长达50 cm；总状花序具多数偏向一侧的花；花下倾，萼片和花瓣紫黑色或萼片淡黄色，基部紫黑色；萼片内面密生长硬毛；花瓣匙形，中部以上密生长硬毛；唇瓣紫黑色，被长毛。花期4—5月。

产云南南部。生于海拔800～1 500 m的山地常绿阔叶林中树干上。分布于泰国、越南和老挝。

（叶德平/摄）

040 密花石豆兰 *Bulbophyllum odoratissimum*

附生植物。花稍有香气，初时萼片和花瓣白色，以后萼片和花瓣的中部以上转变为橘黄色；萼片从基部上方向先端骤然收窄，其两侧边缘内卷呈窄筒状或钻状；唇瓣橘红色，边缘具细乳突或白色腺毛，上面具2条密生细乳突的龙骨脊。花期4—8月。

产云南东南部经南部至西北部、福建、广东、香港、广西、四川和西藏。生于海拔200～2 300 m的混交林中树干或山谷岩石上。分布于尼泊尔、不丹、印度、缅甸、泰国、老挝和越南。

（叶德平/摄）

041 毛药卷瓣兰 *Bulbophyllum omerandrum*

（鲍洪华/摄）

假鳞茎疏生，顶生1枚叶，基部被鞘腐烂后残存的纤维。伞形花序具1～3朵花；花黄色；花瓣卵状三角形，中部以上边缘具流苏；唇瓣肉质，边缘多少具睫毛；药帽前缘具短流苏。花期3—4月。

产台湾、福建北部、浙江中西部、湖北西部、湖南北部、广东北部和广西。生于海拔1 000～1 850 m的山地林中树干或沟谷岩石上。

（鲍洪华/摄）

042 斑唇卷瓣兰 *Bulbophyllum pectenveneris*

附生植物。叶厚革质，基部几无柄。花葶远高出叶外，3～9朵花；花黄绿色或黄色稍带褐色；中萼片基部以上边缘具流苏状缘毛；侧萼片狭披针形，基部上方扭转而上下侧边缘分别彼此黏合，边缘内卷，向先端渐狭为长尾状的筒，仅近先端处开始分开。花期4—9月。

（胡仁勇/摄）

产安徽南部、福建北部、台湾、湖北西部至西北部、香港、海南、广西和云南南部。生于海拔1 000 m以下的山地林中树干或林下岩石上。分布于越南和老挝。

（胡仁勇/摄）

043 长足石豆兰 *Bulbophyllum pectinatum*

附生植物。假鳞茎彼此靠近，斜立。花较大，黄绿色密布紫褐色斑点；侧萼片较大，基部贴生于蕊柱足而形成宽钝的萼囊；唇瓣基部两侧边缘撕裂状或具短流苏，内面具2枚圆锥形的胼胝体。花期4—5月。

产云南东南部至西部。生于海拔1 000～2 500 m的山地林中树干或沟谷岩石上。分布于印度、缅甸、泰国和越南。

（叶德平/摄）

044 锥茎石豆兰 *Bulbophyllum polyrhizum*

附生植物。假鳞茎疏生，卵形，顶端收窄为瓶颈状，干后表面具皱纹。花黄绿色，开展；唇瓣近长圆形，从基部向外下弯，基部具凹槽。花期3月。

产云南南部。生于海拔900～1 400 m的常绿阔叶林中树干上。分布于泰国、缅甸、印度、尼泊尔至西喜马拉雅。

（叶德平/摄）

（叶德平/摄）

045 曲萼石豆兰 *Bulbophyllum pteroglossum*

假鳞茎圆柱，在根状茎上疏生。单花；花质地厚，直立，淡黄色带红色斑点；侧萼片斜卵状三角形，中部以上缢缩而弯曲状钩转，先端稍钝。花期11月。

产云南南部。生于海拔约1 400 m的山地林中树干上。分布于不丹、印度东北部和缅甸。

（叶德平/摄）

046 伏生石豆兰 *Bulbophyllum reptans*

附生植物。假鳞茎疏生。花淡黄色带紫红色条纹；侧萼片在中部以下的下侧边缘彼此黏合；唇瓣近肉质，后半部两侧对折，边缘全缘；蕊柱齿丝状或钻状，与药帽近等高。花期1—10月。

产海南、广西、云南和西藏。生于海拔1 000～2 800 m的山地常绿阔叶林中树干或林下岩石上。分布于西喜马拉雅、尼泊尔、不丹、印度、缅甸和越南。

（叶德平/摄）

047 美花卷瓣兰 *Bulbophyllum rotschildianum*

（叶德平/摄）

附生植物。假鳞茎疏生，顶生1枚厚革质的叶。伞形花序具4～6朵花；花大，淡紫红色；中萼片、花瓣及唇瓣边缘具流苏；侧萼片向先端急尖为长尾状，中部以下在背面密生疣状突起，基部上方扭转而两侧萼片上侧边缘彼此黏合为较宽的“合萼”。花期7—8月。

产云南南部。生于海拔约1 550 m的山地密林中树干上。印度也有分布。

（叶德平/摄）

048 二叶石豆兰 *Bulbophyllum shanicum*

附生植物。假鳞茎卵球形，顶生2枚叶。总状花序密生许多稍偏向一侧的花；花淡黄色或白色；唇瓣肉质，两侧对折而向外下弯，边缘具睫毛，唇盘具1条纵走的龙骨脉。花期10月。

产云南南部和缅甸。生于海拔约1 800 m的山地林下岩石上。

（叶德平/摄）

（叶德平/摄）

049 匙萼卷瓣兰 *Bulbophyllum spathulatum*

附生植物。假鳞茎疏生，狭卵形。花葶与假鳞茎约等长；伞形花序多达20余朵花；花紫红色；侧萼片基部上方扭转并且两侧萼片的上下侧边缘彼此靠合而形成拖鞋状的“合萼”。花期10月。

产云南南部。生于海拔约860 m的山地阔叶林中树干上。分布于印度、缅甸、泰国、老挝和越南。

（叶德平/摄）

050 少花石豆兰 *Bulbophyllum subparviflorum*

附生植物。假鳞茎卵形，顶生1枚狭长圆形的叶。花黄绿色，萼片离生；中萼片边缘具睫毛；花瓣匙形，中部以上边缘密生长绵毛；唇瓣边缘从基部至中部具长硬毛，上面具3条密生短毛的脊。花期7—9月。

产云南南部。生于海拔约1 200 m的山地常绿阔叶林中树干上。

（叶德平/摄）

（叶德平/摄）

051 聚株石豆兰 *Bulbophyllum sutepense*

附生植物。假鳞茎聚生，梨形或近球形，表面具皱纹。花葶稍高出假鳞茎之上；总状花序缩短似成伞状；花淡黄色，萼片离生；侧萼片近中部以上两侧边缘内卷呈筒状。花期5月。

产云南南部。生于海拔1 200～1 600 m的山地混交林中树干上。分布于泰国和老挝。

（叶德平/摄）

054 伞花卷瓣兰 *Bulbophyllum umbellatum*

附生植物。花葶不高出叶外；伞形花序常具 2～4朵花；花暗黄绿色或暗褐色带淡紫色先端；两侧萼片仅基部上侧边缘彼此黏合，其余离生；唇瓣浅白色，舌状；蕊柱齿三角形。 花期4—6月。

产台湾、四川、云南南部至西北部和西藏。生于海拔1 000～2 200 m的山地林中树干上。分布于尼泊尔、不丹、印度、缅甸、泰国和越南。

（叶德平/摄）

055 藓叶卷瓣兰 *Bulbophyllum umbellatum* var. *retusiusculum*

附生植物。假鳞茎卵状圆锥形或狭卵形，大小变化较大。花葶常高出叶外；花大小和色彩变化较大；中萼片黄色带紫红色脉纹；侧萼片黄色，两侧萼片的上下侧边缘分别彼此黏合并且形成宽椭圆形或长角状的“合萼”。花期9—12月。

（叶德平/摄）

产云南东南部和西北部、甘肃、台湾、海南、湖南、四川和西藏。生于海拔500～2 800 m的山地林中树干或林下岩石上。分布于尼泊尔、不丹、印度、缅甸、泰国、老挝和越南。

（叶德平/摄）

056 双叶卷瓣兰 *Bulbophyllum wallichii*

附生植物。花期无叶；总状花序通常从花序轴基部几乎以180°弯垂，具数花；萼片和花瓣淡黄褐色密布紫色斑点，后转变为橘红色；中萼片边缘具不整齐的流苏；两侧萼片的下侧边缘彼此粘合。花期3—4月。

产云南南部至西部。生于海拔1 400～1 500 m的山坡林中树干上。分布于印度、尼泊尔、不丹、缅甸、泰国和越南。

（叶德平/摄）

057 泽泻虾脊兰 *Calanthe alismaefolia*

地生植物。叶在花期全部展开，椭圆形至卵状椭圆形，形似泽泻叶；叶柄纤细，比叶片长或短。花白色或有时带浅紫堇色；萼片近相似，近倒卵形，背面被黑褐色糙伏毛；花瓣近菱形，无毛；唇瓣基部与整个蕊柱翅合生，3深裂；侧裂片线形或狭长圆形，先端圆形，两侧裂片之间具数个瘤状的附属物和密被灰色长毛；中裂片扇形，比侧裂片大得多，先端近截形，深2裂；基部收狭为爪，无毛。花期6—7月。

产台湾、湖北、四川、云南和西藏东南部。生于海拔800～1 700 m的常绿阔叶林下。印度东北部、越南、日本也有分布。

（叶德平/摄）

058 流苏虾脊兰 *Calanthe alpina*

地生植物。假鳞茎短小，去年生的假鳞茎密被残留纤维。叶3枚，在花期全部展开。花葶从叶间抽出；总状花序疏生3～10朵花；萼片和花瓣白色带绿色先端或浅紫堇色；唇瓣浅白色，前部具紫红色条纹，边缘具流苏；距等长或长于花梗和子房。花期6—9月。

产陕西、甘肃南部、台湾、四川、云南和西藏东南部及南部。生于海拔1 500～3 500 m的山地林下和草坡上。印度和日本也有分布。

（叶德平/摄）

（叶德平/摄）

059 银带虾脊兰 *Calanthe argenteo-striata*

地生植物。假鳞茎粗短，具3～7枚在花期展开的叶。叶上面深绿色，带5～6条银灰色的条带。花葶从叶丛中央抽出，密被短毛；总状花序具10余朵花；花张开；萼片和花瓣黄绿色；唇瓣白色，与整个蕊柱翅合生，基部具3列金黄色的小瘤状物，3裂。花期4—5月。

产广东北部、广西西南部、贵州西南部和云南东南部。生于海拔500～1 200 m的山坡林下的岩石空隙或覆土的石灰岩面上。

（叶德平/摄）

060 二列叶虾脊兰 *Calanthe formosana*

地生植物。高达120 cm。叶二列。总状花序在花蕾时为苞片所包而呈圆球状，随着花的开放，花序轴逐渐伸长而呈圆柱形；花鲜黄色；唇瓣基部与整个蕊柱翅合生，基部上方3裂。花期（4—）7—10月。

产台湾、香港和海南。生于海拔500～1 500 m的谷林下阴湿处。

（陈亮俊/摄）

（陈亮俊/摄）

061 钩距虾脊兰 *Calanthe graciliflora*

地生植物。叶在花期尚未完全展开，基部收狭为长达10 cm的柄。花张开；萼片和花瓣在背面褐色，内面淡黄色；唇瓣浅白色，3裂；唇盘上具4个褐色斑点和3条平行的龙骨状脊；距圆筒形，常钩曲。花期3—5月。

产安徽、浙江、江西、台湾、湖北、湖南、广东北部及西南部、香港、广西、四川西南部、贵州和云南东南部。生于海拔600～1 500 m的山谷溪边、林下等阴湿处。

（吴棣飞／摄）

062 通麦虾脊兰 *Calanthe griffithii*

地生植物。假鳞茎粗短，具3～4枚叶。叶在花期全部展开。总状花序疏生多数花；萼片和花瓣浅绿色；唇瓣比萼片短，基部无爪，几乎与整个蕊柱翅合生，3裂。花期5月。

产云南北部和西藏东南部。生于海拔约2 000 m的常绿阔叶林下。不丹和缅甸也有分布。

（叶德平/摄）

063 葫芦茎虾脊兰 *Calanthe labrosa*

地生植物。假鳞茎中部常缢缩而呈葫芦状，花时具2～3枚完全展开的叶，旱季脱落。花葶密被白色长柔毛；花张开，淡粉红色；萼片背面密被长柔毛；花萼、花瓣多少反卷；唇瓣贴生于蕊柱足末端，近3裂，无毛。花期11—12月。

（叶德平/摄）

产云南南部。生于海拔800～1 200 m的常绿阔叶林下。缅甸和泰国也有分布。

（叶德平/摄）

064 长距虾脊兰 *Calanthe sylvatica*

地生植物。叶在花期全部展开，背面密被短柔毛。花葶从叶丛中抽出；总状花序疏生数朵花；花淡紫色，唇瓣常变成橘黄色；距圆筒状。花期4—9月。

产台湾、湖南、广东、香港、广西北部及东南部、云南东南部至南部和西藏东南部。生于海拔800～2 000 m的山坡林下或山谷河边等阴湿处。尼泊尔、不丹、印度、日本、泰国、马来西亚、印度尼西亚、斯里兰卡至南部非洲和马达加斯加也有分布。

（陈亮俊/摄）

065 三棱虾脊兰 *Calanthe tricarinata*

地生植物。具3～4枚叶，叶在花期时尚未展开，背面密被短毛。花葶从假茎顶端的叶间发出，被短毛；总状花序疏生少数至多数花；花张开，质地薄，萼片和花瓣浅黄色；唇瓣红褐色；唇盘上具3～5条鸡冠状褶片，无距。花期5—6月。

产陕西、甘肃、台湾、湖北、四川、贵州、云南和西藏。生于海拔1 600～3 500 m的山坡草地上或混交林下。克什米尔地区、尼泊尔、不丹、印度东北部和日本也有分布。

（叶德平/摄）

066 三褶虾脊兰 *Calanthe triplicata*

地生植物。叶在花期全部展开。花葶从叶丛中抽出，密被短毛；总状花序密生许多花；花白色或偶见淡紫红色；萼片和花瓣常反折；唇瓣基部具3～4列金黄色或橘红色小瘤状附属物，3深裂。花期4—5月。

产福建南部、台湾、广东西南部及北部、香港、海南、广西和云南。生于海拔1 000～1 200 m的常绿阔叶林下。广泛分布于日本、菲律宾、越南、马来西亚、印度尼西亚、印度、澳大利亚、太平洋邻近一些岛屿以及非洲的马达加斯加。

（叶德平/摄）

067 无距虾脊兰 *Calanthe tsoongiana*

假鳞茎近圆锥形，粗约1 cm，具2～3枚叶。叶在花期尚未完全展开，倒卵状披针形或长圆形，长27～37 cm，宽2～6 cm。花葶出自当年生的叶丛中，直立，长33～55 cm；总状花序长14～16 cm，疏生许多小花；花淡紫色；萼片相似；唇盘上无褶片和其他附属物，无距。花期4—5月。

产浙江（于潜、西天目山）、江西（武宁）、福建（崇安、沙县）和贵州（贵阳、梵净山）。生于海拔450～1 450 m的山坡林下、路边和阴湿岩石上。

（姚一麟/摄）

068 美柱兰 *Cailodtylis rigida*

附生植物。假鳞茎近梭状或长梭状，近顶端处具4～5枚叶。花除唇瓣褐色外，均绿黄色；萼片背面被灰褐色毛，内面与花瓣两面均疏生白色短柔毛；唇瓣近宽心形或宽卵形，唇盘上有1个垫状突起。花果期5—6月。

产云南南部。生于混交林中树上，海拔1 100～1 700 m。印度、缅甸、越南、老挝、泰国、马来西亚和印度尼西亚也有分布。

（叶德平/摄）

069 盾柄兰 *Porpax ustulata*

（叶德平/摄）

附生植物。假鳞茎扁球形，外面被具网状脉的薄膜质鞘。花红色，近圆筒状；中萼片与侧萼片在下部合生；2枚侧萼片合生部分达全长的1/2；萼片背面被毛；唇瓣先端近尾状，上部边缘有短流苏。花果期6月。

产云南南部。生于沟谷旁林中树上，海拔约1 450 m。缅甸和泰国也有分布。

（叶德平/摄）

070 银兰 *Cephalanthera erecta*

（吴棣飞/摄）

地生草本。茎直立，中部以上具2～4（5）枚叶。花序轴有棱；花白色；唇瓣3裂，基部有距。花期4—6月，果期8—9月。

产陕西南部、甘肃南部、安徽、浙江、江西、台湾、湖北、广东北部、广西北部、四川和贵州。生于海拔850～2 300 m的林下、灌丛中或沟边土层厚且有一定阳光处。日本和朝鲜半岛也有分布。

（吴棣飞/摄）

071 金兰 *Cephalanthera falcata*

地生植物。茎直立，具4～7枚叶，基部收狭并抱茎。总状花序通常有5～10朵花；花苞片长度不超过花梗和子房；花黄色；花瓣与萼片相似；唇瓣长3裂；距圆锥形，伸出侧萼片基部之外。花期4—5月。

产江苏、安徽、浙江、江西、湖北、湖南、广东北部、广西北部、四川和贵州。生于海拔700～1 600 m的林下、灌丛中、草地上或沟谷旁。日本和朝鲜半岛也有分布。

（吴棣飞/摄）

072 头蕊兰 *Cephalanthera longifolia*

地生植物。茎直立，叶4～7枚。总状花序具2～13朵花；花白色，稍开放或不开放；唇瓣基部的囊短而钝，包藏于侧萼片基部之内。花期5—6月。

产山西南部、陕西南部、甘肃南部、河南西部、湖北西部、四川西部、云南西北部和西藏南部至东南部。生于海拔1 000～3 300 m的林下、灌丛中、沟边或草丛中。广泛分布于欧洲、中亚、北非至喜马拉雅地区。

（吴棣飞/摄）

（吴棣飞/摄）

073 黄兰 *Cephalantheropsis gracilis*

地生植物。植株高达1 m。茎直立，圆柱形，具5～8枚叶。花葶2～3个，从茎的中部以下节上发出，密布细毛；疏生多数花；花青绿色或黄绿色；萼片和花瓣反折；唇瓣中部以上3裂，中部以下稍凹陷，无距。花期9—12月，果期11月—次年3月。

产福建、浙江、台湾、广东、香港、海南和云南东南部。生于海拔1 200～1 350 m的密林下。

（陈亮俊/摄）

074 叉枝牛角兰 *Ceratostylis himalaica*

附生植物。茎丛生，呈2叉状分枝，叶1枚，生于分枝顶端。花小，白色而有紫红色斑；萼片背面被短柔毛；唇瓣基部呈深囊状，顶端靠背面有1枚垫状胼胝体；蕊柱顶端臂状物貌似牛角。花果期4—6月。

（叶德平/摄）

产云南西南部至东南部和西藏东南部。生于林中树上或岩石上，海拔900～1 700 m。尼泊尔、不丹、印度、缅甸、老挝和越南也有分布。

（叶德平/摄）

075 独花兰 *Changnienia amoena*

（尉阮杰/摄）

地生植物。叶1枚，宽卵状椭圆形至宽椭圆形，基部圆形或近截形，背面紫红色。花大，白色而带肉红色或淡紫色晕，唇瓣有紫红色斑点；唇瓣3裂，基部距角状，稍弯曲。花期4月。

产陕西南部、江苏、安徽、浙江、江西、湖北、湖南、四川和云南。生于疏林下腐殖质丰富的土壤上或沿山谷荫蔽的地方，海拔400～1 100(～1 800) m。

（尉阮杰/摄）

076 中华叉柱兰 *Cheirostylis chinensis*

地生植物。根状茎匍匐，肉质，具节，呈毛虫状。总状花序具2～5朵花；花小；萼片近中部合生成筒状，外面被疏毛；唇瓣白色，直立，前部极扩大，扇形，2裂，裂片边缘具4～5枚不整齐的齿。花期1—3月。

产台湾、香港、广西、贵州和云南。生于海拔200～800 m的山坡或溪旁林下的潮湿石上覆土中或地上。菲律宾也有分布。

（陈亮俊/摄）

077 箭药叉柱兰 *Cheirostylis monteiroi*

（陈亮俊/摄）

地生植物。根状茎匍匐，橄榄绿色，呈莲藕状。花苞片粉红；花小；萼片橄榄绿染粉红色；花瓣白色，偏斜；唇瓣基部囊内两侧各具1枚白色、2裂、裂片为角状的胼胝体，前部2裂裂片边缘各具5～8条长2 mm的丝状裂条。花期3—5月。

产我国香港。生于海拔约300 m的溪旁山坡陡壁林下阴处潮湿的石上或土壤中。

（陈亮俊/摄）

078 屏边叉柱兰 *Cheirostylis pingbianensis*

地生植物。根状茎伸长，呈莲藕状。叶片卵形，绿色，花叶同期。花茎顶生，极短；花较大；萼片下部的2/3合生成筒状，上部的1/3离生；唇瓣呈T字形，基部稍凹陷呈囊状，内面两侧各具1枚由多数长乳突组成并排列成行的胼胝体，前部扩大2裂，裂片基部无斑点，其边缘各具数枚撕裂条。花期9—10月。

产云南南部。生于海拔约2 100 m的山坡密林下阴湿处。

（叶德平/摄）

079 全唇叉柱兰 *Cheirostylis takeoi*

（叶德平/摄）

地生植物。根状茎匍匐，节的中部增粗，呈毛虫状。花茎顶生，直立，被毛；总状花序具2～5朵花；花小；萼片中部合生成筒状；唇瓣白色全缘。花期3月。

产我国台湾和云南南部。生于海拔100～1 400 m的山坡密林下或路旁坡地。日本（琉球）也有分布。

（叶德平/摄）

080 大鲁阁叉柱兰 *Cheirostylis tatewakii*

地生植物。根状茎匍匐，呈毛虫状。叶片心形，上面沿中肋具1条宽的淡绿色带。花小；萼片下部的3/5合生成筒状，外面无毛；花瓣基部收狭呈爪状；唇瓣白色，直立，舌状，不裂，基部收狭。花期3—4月。

产我国台湾和香港。生于海拔300～600 m的山坡林下、苏铁林下或沟谷林下阴湿的岩石上。

（陈亮俊/摄）

081 云南叉柱兰 *Cheirostylis yunnanensis*

地生植物。根状茎匍匐，呈毛虫状，茎基部具2～3枚叶，花期无叶。花茎顶生，被毛；总状花序具2～5朵花；花小；萼片近中部合生成筒状，萼筒外面下部被疏的毛；花瓣白色，偏斜，与中萼片紧贴；唇瓣白色，直立基部稍扩大，囊状，中部收狭成爪，前部极扩大，扇形，2裂，裂片边缘具5～7枚不整齐的齿。花期3—4月。

产湖南、广东、海南、广西、四川、贵州和云南。生于海拔200～1 100 m山坡或沟旁林下阴处地上或覆有土的岩石上。越南也有分布。

（叶德平/摄）

082 异型兰 *Chiloschista yunnanensis*

附生植物。通常无叶，至少在花期时无叶。花序下垂，密布短毛；花质地稍厚；萼片和花瓣茶色或淡褐色，除基部外周边为浅白色，具5条脉，背面密布短毛；药帽浅白色或黄色，前端收窄呈三角形，两侧各具1条丝状附属物。花期3—5月，果期7月。

产云南东南部至南部和四川中部。生于海拔700～2 000 m的山地林缘或疏林中树干上。

（叶德平/摄）

083 长叶隔距兰 *Cleisostoma fuerstenbergianum*

（叶德平/摄）

附生植物。叶细圆柱形。萼片和花瓣反折，黄色带紫褐色条纹；唇瓣白色，3裂；距内面背壁上方的胼胝体3裂，基部密布乳突状毛。花期5—6月。

产贵州西南部和云南南部至西部。生于海拔690～2 000 m的山地常绿阔叶林中树干上。老挝、越南、柬埔寨和泰国也有分布。

（叶德平/摄）

084 毛柱隔距兰 *Cleisostoma simondii*

附生植物。叶细圆柱形。花黄绿色带紫红色脉纹；萼片和花瓣稍反折；唇瓣3裂；距近球形，内面背壁上方的胼胝体近T字形3裂，基部浅2裂并且密被乳突状毛。花期9月。

产云南南部。生于海拔约1 100 m的河岸疏林树干上。分布于印度、泰国、老挝和越南。

（叶德平/摄）

（叶德平/摄）

085 广东隔距兰 *Cleisostoma simondii* var. *guangdongense*

本种近毛柱隔距兰，不同在于唇瓣中裂片浅黄白色，距内背壁上方的胼胝体为中央凹陷的四边形，其四个角呈短角状均向前伸。

产福建、广东南部、香港和海南。生于海拔500～600 m的绿阔叶林中树干或林下岩石上。

（陈亮俊/摄）

086 勐海隔距兰 *Cleisostoma menghaiense*

附生植物。叶下部常V字形对折。花序下垂，比叶长；花质地厚，开展；萼片和花瓣淡黄色；唇瓣3裂；中裂片三角形，与侧裂片等大；距近角状；药帽前端伸长。花期7—10月。

产云南南部至东南部。生于海拔700～1 150 m的山地林缘树干上。

（叶德平/摄）

087 大序隔距兰 *Cleisostoma paniculatum*

（吴棣飞/摄）

附生植物。茎直立，具多数革质叶，叶先端不等侧2裂。花序远比叶长，多分枝；花萼片和花瓣在背面黄绿色，内面紫褐色，边缘和中肋黄色；距内面背壁上方具长方形的胼胝体。花期5—9月。

产江西东部、福建、台湾、广东南部至北部、香港、海南、广西、四川南部至中部、贵州东部和云南东南部至北部。生于海拔240～1 240 m的常绿阔叶林中树干或沟谷林下岩石上。泰国、越南和印度东北部也有分布。

（吴棣飞/摄）

088 尖喙隔距兰 *Cleisostoma rostratum*

附生植物。花开展，萼片和花瓣黄绿色带紫红色条纹；唇瓣紫红色，3裂；中裂片狭卵状披针形，先端渐尖而翘起，基部两侧无伸长的裂片。花期7—8月。

（陈亮俊/摄）

产香港、海南、广西南部至西北部、贵州南部和云南东南部至南部。生于海拔350～500 m的常绿阔叶林中树干或石灰山的灌木林树枝和阴湿岩石上。分布于泰国、老挝和越南。

（陈亮俊/摄）

089 蜈蚣兰 *Cleisostoma scolopendrifolium*

附生植物。植物体匍匐，具二列、互生、革质叶。花序侧生，常比叶短；花质地薄，开展，萼片和花瓣浅肉色。花期4月。

产河北、山东、江苏、安徽、浙江东部、福建西部和四川东北部。生于海拔约1 000 m的崖石或山地林中树干上。日本和朝鲜半岛南部也有分布。

（鲍洪华/摄）

（鲍洪华/摄）

（鲍洪华/摄）

（鲍洪华/摄）

090 隔距兰 *Cleisostoma sagittiforme*

附生植物。花序下垂，比叶长，圆锥花序或总状花序疏生多数花；花小，淡紫红色；唇瓣3裂；距角状，在背壁上方具3裂的胼胝体。花期5—9月。

产云南南部。生于海拔980～1 530 m的山地常绿阔叶林中树干和河谷疏林中树干上。印度和泰国也有分布。

（叶德平/摄）

（叶德平/摄）

091 红花隔距兰 *Cleisostoma williiamsonii*

（叶德平/摄）

附生植物。叶圆柱形。花序比叶长，通常分枝；花粉红色，开放；唇瓣深紫红色，3裂；距球形，具不明显的隔膜，内侧背壁上方的胼胝体呈T字形3裂。花期4—6月。

产广东、海南、广西、贵州西南部和云南东南部至西部。生于海拔300～2 000 m的山地林中树干或山谷林下岩石上。分布于不丹、印度东北部、越南、泰国、马来西亚和印度尼西亚。

（叶德平/摄）

092 滇西贝母兰 *Coelogyne calcicola*

附生植物。本种近撕裂贝母兰，区别在于本种植株较大型，叶柄较长，唇盘仅2～3条褶片。花期7—9月。

产云南西南部。生于海拔900～1 450 m的树上。老挝和越南也有分布。

（叶德平/摄）

（叶德平/摄）

093 眼斑贝母兰 *Coelogyne corymbosa*

附生植物。假鳞茎较密集，长圆状卵形或近菱状长圆形，顶端生2枚叶。花白色或稍带黄绿色，但唇瓣上有4个黄色、围以橙红色的眼斑；唇瓣3裂，唇盘上有2～3条脊，从基部延伸至中裂片下部。花期5—7月。

产云南西北部至东南部和西藏。生于海拔1 300～3 100 m的林缘树干或湿润岩壁上。尼泊尔、不丹、印度和缅甸也有分布。

（叶德平/摄）

094 流苏贝母兰 *Coelogyne fimbriata*

附生植物。假鳞茎疏生，狭卵形至近圆柱形。花淡黄色或近白色，仅唇瓣上有红色斑纹；唇瓣3裂，侧裂片顶端多少具流苏；中裂片边缘具流苏；唇盘上通常具2条纵褶片。花期8—10月。

产江西、广东、海南、广西、云南和西藏。生于海拔500～1 200 m的溪旁岩石或林中、林缘树干上。越南、老挝、柬埔寨、泰国、马来西亚和印度也有分布。

（叶德平/摄）

095 密茎贝母兰 *Coelogyne nitida*

（叶德平/摄）

附生植物。假鳞茎密生，长圆状椭圆形。花葶连同幼嫩假鳞茎和叶从靠近老假鳞茎基部的根状茎上发出；花白色或稍带淡黄色，唇瓣上有彩色眼斑；唇瓣3裂，中裂片上面有3条纵脊。花期3月。

产云南南部和西北部。生于石灰岩山地林中树上。越南、老挝、泰国、缅甸、印度、尼泊尔和不丹也有分布。

（叶德平/摄）

096 卵叶贝母兰 *Coelogyne occultata*

附生植物。假鳞茎多少斜卧，与根状茎交成锐角或几近平行，近长圆状倒卵形或近菱形。花白色，但唇瓣上具紫色脉纹和棕黄色眼斑；萼片披针形或长圆状披针形；花瓣近线状倒披针形或狭椭圆状倒披针形；唇瓣卵形，3裂；盘上有2～3条脊，脊上有不规则细圆齿。花期6—7月。

产云南西北部和西藏。生于海拔1 900～2 400 m的林中树干或沟谷旁岩石上。印度、不丹和缅甸也有分布。

（叶德平/摄）

（叶德平/摄）

097 黄绿贝母兰 *Coelogyne prolifera*

附生植物。假鳞茎狭卵状长圆形，干后略有光泽。花葶从已长成的假鳞茎顶端两叶中央发出，与叶近等长（果期延长），在花序基部下方、花序轴顶端以及有时在花序轴中部（由于连年发出新花序）均具多枚二列套叠的革质颖片；花绿色或黄绿色，较小；唇瓣近卵形，3裂，基部凹陷成浅囊状；唇盘上无褶片或脊。花期6月。

（叶德平/摄）

产云南西部至南部。生于海拔1 200～2 000 m的林中树上或岩石上。尼泊尔、印度、缅甸、老挝和泰国也有分布。

（叶德平/摄）

098 撕裂贝母兰 *Coelogyne sanderae*

附生植物。假鳞茎狭卵形。花序基部下方有数枚二列套叠的革质颖片；花白色，唇瓣上有黄斑；唇瓣3裂；侧裂片边缘多少具齿裂或短流苏；中裂片边缘亦有不规则齿裂或短流苏；唇盘上有3条全部撕裂成流苏状毛的褐色纵褶片。花期3—4月。

产云南西南部至东南部。生于海拔1 000～2 300 m的常绿阔叶林缘树上或岩石上。缅甸和越南也有分布。

（叶德平／摄）

（叶德平／摄）

099 禾叶贝母兰 *Coelogyne viscosa*

（叶德平/摄）

附生植物。假鳞茎卵形或圆柱状卵形，有光泽，顶端生2枚线形、禾叶状的叶。花白色，仅唇瓣带褐色与黄色斑；唇瓣3裂；唇盘上有3条纵褶片。花期1月。

产云南西南部至南部。生于海拔1 500～2 000 m的林中树上或岩石上。越南、老挝、缅甸、泰国、马来西亚和印度也有分布。

（叶德平/摄）

100 台湾吻兰 *Collabium formosanum*

地生兰。假鳞茎疏生于根状茎上，圆柱形。叶厚纸质，卵状披针形或长圆状披针形，长7～22 cm，宽3～8 cm，先端渐尖，边缘波状，具许多弧形脉。花葶长达38 cm；总状花序疏生4～9朵花；花瓣相似于侧萼片；唇瓣白色带红色斑点和条纹，近圆形，长10～14 mm，基部具长约5 mm的爪，3裂。花期5—9月。

（吴棣飞/摄）

产台湾（台北、南投等地）、湖北（神农架）、湖南南部（宜章）、广东北部和西南部（乳源、阳春）、广西东北部至西北部（融水、龙胜、凌云、全州）、贵州东北部（梵净山）、云南东南部（屏边、西畴）和浙江（乌岩岭）。生于海拔450～1600 m的山坡密林下，或沟谷林下、岩石边。

（吴棣飞/摄）

101 管花兰 *Corymborkis veratrifolia*

地生植物。植株高达2 m。茎直立，圆柱形，具多数叶。腋生圆锥花序具2～6个分枝及10～30朵或更多的花；花白色，花被片不展开而多少呈筒状；唇瓣具有长而对摺的爪，几乎完全围抱蕊柱。花期7月。

产台湾、广西和云南南部。生于海拔700～9 500 m的密林下。东南亚地区也有分布。

（叶德平/摄）

宿苞兰属 *Cryptochilus*

102 宿苞兰 *Cryptochilus luteus*

附生植物。假鳞茎聚生于短的根状茎上，近圆柱形，通常2枚叶。花苞片二列，宿存；花黄绿色或黄色；萼片合生成的萼筒近坛状。花期6—7月。

产云南西南部至东南部。生于海拔1 500～2 300 m的密林中或林缘的树上或石隙上。不丹和印度也有分布。

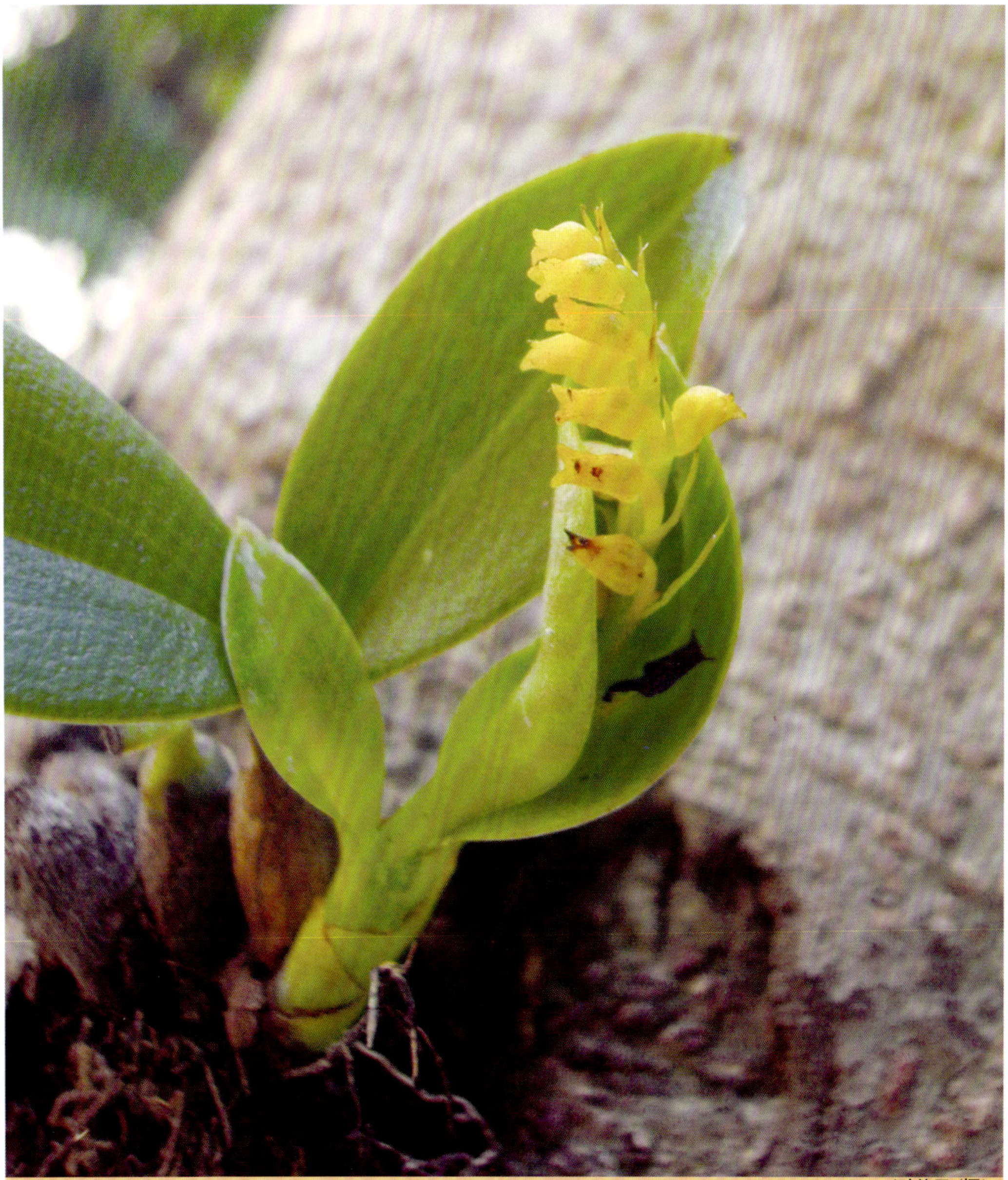

（叶德平/摄）

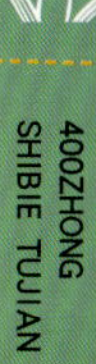

103 纹瓣兰 *Cymbidium aloifolium*

附生植物。叶厚革质，先端不等的2裂。花略小，稍有香气；萼片与花瓣淡黄色至奶油黄色，中央有1条栗褐色宽带和若干条纹；唇瓣白色或奶油黄色而密生栗褐色纵纹。花期4—5月。

产广东、广西、贵州和云南东南部至南部。生于海拔100～1 100 m疏林中或灌木丛中树上或溪谷旁岩壁上。斯里兰卡、尼泊尔和印度尼西亚等均有分布。

（叶德平／摄）

104 莎叶兰 *Cymbidium cyperifolium*

地生或半附生植物。假鳞茎较小，包藏于叶鞘之内。叶4～12枚，常整齐二列而多少呈扇形。花葶从假鳞茎基部发出；总状花序具3～7朵花；花与寒兰颇相似，有柠檬香气；萼片与花瓣黄绿色或苹果绿色，偶见淡黄色或草黄色；唇瓣色淡或有时带白色或淡黄色。花期10月—次年2月。

产广东、海南、广西、贵州和云南。生于海拔1 450～1 600 m的林下排水良好、多石之地或岩石缝中。

（叶德平/摄）

105 冬凤兰 *Cymbidium dayanum*

附生植物。花萼片与花瓣白色或奶油黄色，中央有1条栗色纵带自基部延伸到上部3/4处或偶见整个瓣片充满淡枣红色；唇瓣仅在基部和中裂片中央为白色，基余均为栗色。花期8—12月。

产云南西南部、南部至东南部、福建、台湾、广东、海南和广西。生于海拔300～1 600 m疏林中树上或溪谷旁岩壁上。印度、缅甸、越南、老挝、柬埔寨、泰国、马来西亚、印度尼西亚、菲律宾和日本也有分布。

（叶德平/摄）

106 独占春 *Cymbidium eburneum*

附生植物。假鳞茎每年继续发出新叶，先端为细微的不等的2裂。花较大，不完全开放；萼片与花瓣白色，有时略有粉红色晕，唇瓣亦白色，中裂片中央至基部有1个黄色斑块；唇瓣3裂，中裂片中部至基部有密短毛区；唇盘上2条纵褶片合而为一。花期2—5月。

产广西、云南西南部和海南。生于海拔1 400～1 700 m的溪谷旁岩石上 。尼泊尔、印度和缅甸也有分布。

（叶德平/摄）

107 长叶兰 *Cymbidium erythraeum*

（叶德平/摄）

附生植物。假鳞茎卵球形，具叶 5～11枚，二列。花葶近直立或外弯；总状花序具3～7朵或更多的花；花有香气；萼片与花瓣绿色，但由于有红褐色脉和不规则斑点而呈红褐色；唇瓣淡黄色至白色；侧裂片上有红褐色脉；中裂片上有少量红褐色斑点和 1条中央纵线。花期10月—次年1月。

产四川、云南和西藏。生于海拔1 600～1 850 m的林中或林缘树上或岩石上。

（叶德平/摄）

108 多花兰 *Cymbidium floribundum*

附生植物。叶坚纸质。花较密集；萼片与花瓣红褐色或偶见绿黄色，极罕灰褐色，唇瓣白色而在侧裂片与中裂片上有紫红色斑，褶片黄色；唇瓣3裂；唇盘上有2条纵褶片，褶片末端靠合。花期4—8月。

（吴棣飞/摄）

产浙江、江西、福建、台湾、湖北、湖南、广东、广西、四川、贵州和云南西北部至东南部。生于海拔100～3 300 m的林中或林缘树上，或溪谷旁透光的岩石上或岩壁上。

（吴棣飞/摄）

109 黄蝉兰 *Cymbidium iridioides*

附生植物。花较大，有香气；萼片与花瓣黄绿色，有7～9条淡褐色或红褐色粗脉，唇瓣淡黄色并在侧裂片上具类似的脉，中裂片上有红色斑点和斑块，褶片黄色并在前部具栗色斑点。花期8—12月。

产四川、云南和西藏。生于海拔900～2 800 m的林中或灌木林中的乔木上或岩石上，也见于岩壁上。尼泊尔、不丹、印度和缅甸也有分布。

（董振/摄）

110 兔耳兰 *Cymbidium lancifolium*

（吴棣飞/摄）

地生或半附生植物。假鳞茎近扁圆柱形或狭梭形，多少裸露，顶端聚生2～4枚叶。叶倒披针状长圆形至狭椭圆形，基部收狭为长柄。花葶从假鳞茎下部侧面节上发出；总状花序具2～6朵花，较少减退为单花或具更多的花；花通常白色至淡绿色，花瓣上有紫栗色中脉，唇瓣上有紫栗色斑。花期5—8月。

产浙江南部、福建、台湾、湖南南部、广东、海南、广西、四川南部、贵州、云南和西藏东南部。生于海拔300～2 200 m疏林下、竹林下、林缘、阔叶林下或溪谷旁的岩石上、树上或地上。自喜马拉雅地区至东南亚以及日本南部和新几内亚岛均有分布。

（吴棣飞/摄）

111 碧玉兰 *Cymbidium lowianum*

附生植物。花无香气；萼片和花瓣苹果绿色或黄绿色，有红褐色纵脉；唇瓣淡黄色，中裂片上有深红色的锚形斑。花期4—5月。

产云南西南部至东南部。生于海拔1 300～1 900 m的林中树上或溪谷旁岩壁上。缅甸和泰国也有分布。

（叶德平／摄）

112 硬叶兰 *Cymbidium mannii*

附生植物。叶厚革质，先端为不等的2裂。花略小，萼片与花瓣淡黄色至奶油黄色，中央有1条宽阔的栗褐色纵带，唇瓣白色至奶油黄色，有栗褐色斑；唇瓣基部多少囊状，上面有小乳突或微柔毛。花期3—4月。

产广东、海南、广西、贵州和云南西南部至南部。生于海拔约1 600 m的林中或灌木林中的树上。尼泊尔、不丹、印度、缅甸、越南、老挝、柬埔寨和泰国也有分布。

（叶德平/摄）

113 邱北冬蕙兰 *Cymbidium qiubeiense*

地生植物。假鳞茎较小，包藏于青紫褐色的鞘之内。叶2～3枚，深绿并带污紫色，边缘有细齿缺，基部收狭成长柄；叶柄紫黑色，铁丝状。花葶从假鳞茎基部鞘内发出，紫色，疏生5～6朵花；花有香气；萼片与花瓣绿色，花瓣基部有暗紫色斑块，唇瓣白色，侧裂片带红色，中裂片绿色，有紫斑。花期10—12月。

产贵州和云南东南部。生于海拔700～1 800 m的林下。

（吴棣飞/摄）　（叶德平/摄）

114 西藏虎头兰 *Cymbidium tracyanum*

附生植物。花大，有香气；萼片与花瓣黄绿色至橄榄绿色，有多条不甚规则的暗红褐色纵脉，脉上有点，唇瓣淡黄色并在侧裂片上具类似色泽的脉；唇瓣侧裂片直边缘有长缘毛；中裂片上面有3行长毛连接于褶片顶端，并有散生的短毛；唇盘上2条纵褶片上亦密生长毛。花期9—12月。

产贵州、云南和西藏。生于海拔1 200～1 900 m林中大树干或树杈上，也见于溪谷旁岩石上。缅甸和泰国也有分布。

（叶德平/摄）

115 文山红柱兰 *Cymbidium wenshanense*

附生植物。花葶明显短于叶；花较大，不完全开放，有香气；萼片与花瓣白色，背面常略带淡紫红色；唇瓣白色而有深紫色或紫褐色条纹与斑点；蕊柱顶端红色，其余均白色。花期3月。

产云南东南部。生于海拔约1 350 m的林中树上。越南也有分布。

（叶德平/摄）

116 滇南虎头兰 *Cymbidium wilsonii*

附生植物。花较大，有香气；萼片与花瓣黄绿色，有不甚明显的红褐色纵脉，下部脉上有红褐色小斑点；唇瓣奶油黄色；侧裂片上有暗红褐色脉纹；中裂片上沿边缘有宽阔的斑纹带，授粉后整个唇瓣变为紫红色；唇盘上2条纵褶片奶油黄色，有红褐色斑点。花期2—4月。

产云南南部。生于海拔1 300～1 600 m的林中树上。

（叶德平/摄）

117 毛瓣杓兰 *Cypripedium fargesii*

地生植物。具2枚近铺地的叶，叶上面绿色并有黑栗色斑点。花萼片淡黄绿色，中萼片基部有密集的栗色粗斑点，花瓣带白色，内表面有淡紫红色条纹，外表面有细斑点，唇瓣黄色而有淡紫红色细斑点；花瓣长圆形，内弯而围抱唇瓣，背面上侧尤其接近顶端处密被长柔毛。花期5—7月。

产甘肃、湖北、四川和云南。生于海拔1 900～2 300 m的灌丛下、疏林中或草坡上腐殖质丰富处。

（叶德平/摄）

118 黄花杓兰 *Cypripedium flavum*

地生植物。茎直立，具3～6枚较疏离的叶。花黄色，有时有红色晕，唇瓣上偶见栗色斑点；唇瓣深囊状，两侧和前沿均有较宽阔的内折边缘，囊底具长柔毛；退化雄蕊近圆形或宽椭圆形。花果期6—9月。

产甘肃、湖北、四川、云南西北部和西藏。生于海拔1 800～3 450 m林下、林缘、灌丛中或草地上多石湿润之地。

（吴棣飞/摄）

（吴棣飞/摄）

119 紫点杓兰 *Cypripedium guttatum*

（吴棣飞/摄）

地生植物。具细长而横走的根状茎，具2枚叶。单花顶生；花序柄密被短柔毛和腺毛；花苞片叶状，花白色，具淡紫红色或淡褐红色斑；退化雄蕊卵状椭圆形，背面有较宽的龙骨状突起。花期5—7月。

产黑龙江、吉林、辽宁、内蒙古、河北、山西、山东、陕西、宁夏、四川、云南和西藏。生于海拔3 000～3 400 m的林下、灌丛中或草地上。

（吴棣飞/摄）

120 绿花杓兰 *Cypripedium henryi*

地生植物。花绿色或黄绿色，通常2～3朵；花梗和子房密被白色腺毛。花期4—5月，果期7—9月。

产云南西北部、东南部，贵州、广西、四川、湖北、陕西、甘肃和山西。生于海拔2 100～2 800 m的疏林下、林缘、灌丛坡地上湿润和腐殖质丰富的地方。

（叶德平/摄）

（叶德平/摄）

121 扇脉杓兰 *Cypripedium japonicum*

（吴棣飞/摄）

地生植物。具较细长的根状茎。叶通常2枚，叶片扇形。花俯垂；萼片和花瓣淡黄绿色，基部多少有紫色斑点，唇瓣淡黄绿色至淡紫白色，多少有紫红色斑点和条纹。花期4—5月，果期6—10月。

产陕西南部、甘肃南部、安徽、浙江、江西、湖北、湖南、四川和贵州。生于海拔1 000～2 000 m的林下、灌木林下、林缘、溪谷旁、荫蔽山坡等湿润和腐殖质丰富的土壤上。日本也有分布。

（吴棣飞/摄）

122 丽江杓兰 *Cypriveaium lichiangense*

地生植物。叶近对生，铺地，上面暗绿色并具紫黑色斑点，有时还具紫色边缘。单花顶生，花苞片不存在；花较大，萼片暗黄色而有浓密的红肝色斑点或完全红肝色，花瓣与唇瓣暗黄色而有略疏的红肝色斑点；退化雄蕊近长圆形，上面有乳头状突起。花期5—7月。

产四川和云南。生于海拔1 850～2 300 m的灌丛中或开旷疏林中。

（叶德平/摄）

123 大花杓兰 *Cypripedium macranthum*

（潘春芳/摄）

地生植物。具3～4枚叶。具1朵花，极罕2朵花；花大，紫色、红色或粉红色，通常有暗色脉纹，极罕白色；唇瓣深囊状，近球形或椭圆形；退化雄蕊卵状长圆形，基部无柄。花期6—7月，果期8—9月。

产黑龙江、吉林、辽宁、内蒙古、河北、山东和台湾。生于海拔400～2 400 m的林下、林缘或草坡上腐殖质丰富和排水良好之地。日本、朝鲜半岛和俄罗斯也有分布。

（潘春芳/摄）

124 离萼杓兰 *Cypripedium plectrochilum*

地生植物。茎直立，被短柔毛，通常具3枚叶。花在属中为较小者；萼片栗褐色或淡绿褐色，花瓣淡红褐色或栗褐色并有白色边缘，唇瓣白色而有粉红色晕；侧萼片完全离生；唇瓣深囊状，倒圆锥形。花期4—6月，果期7月。

产湖北西部、四川西部、云南中部至西北部和西藏东南部。生于海拔2 000～3 600 m的林下、林缘、灌丛中或草坡上多石之地。缅甸也有分布。

（吴棣飞/摄）

（吴棣飞/摄）

125 西藏杓兰 *Cypripedium tibeticum*

地生植物。通常具3枚叶。单花顶生，花苞片叶状；花大，俯垂，紫色、紫红色或暗栗色，通常有淡绿黄色的斑纹，花瓣上的纹理尤其清晰，唇瓣的囊口周围有白色或浅色的圈；退化雄蕊卵状长圆形，背面多少有龙骨状突起，基部近无柄。花期5—8月。

产甘肃南部、四川西部、贵州西部、云南西部和西藏东部至南部。生于海拔2 300～4 200 m的透光林下、林缘、灌木坡地、草坡或乱石地上。不丹和印度也有分布。

（吴棣飞/摄）

126 云南杓兰 *Cypripedium yunnanense*

地生植物。具3～4枚叶。单花顶生，花苞片叶状；花粉红色、淡紫红色或偶见灰白色，有深色的脉纹，退化雄蕊白色并在中央具1条紫条纹。花期5月。

产四川西部至西南部、云南西北部和西藏东南部。生于海拔2 700～3 800 m的松林下、灌丛中或草坡上。

（吴棣飞/摄）

（吴棣飞/摄）

127 剑叶石斛 *Dendrobium acinaciforme*

附生植物。茎直立，近木质，叶二列，厚革质或肉质，两侧压扁呈短剑状或匕首状。花很小，白色；唇瓣白色带微红色，贴生于蕊柱足末端，近匙形；唇盘中央具3～5条纵贯的脊突。花期3—9月。

产云南南部、福建、香港、海南和广西 。生于海拔260～270 m的山地林缘树干上和林下岩石上。分布于印度、缅甸、老挝、越南、柬埔寨和泰国。

（华国军/摄）

128 钩状石斛 *Dendrobium aduncum*

附生植物。茎下垂，叶先端急尖并且钩转。花开展，萼片和花瓣淡粉红色；唇瓣白色，朝上，凹陷呈舟状，前部骤然收狭而先端为短尾状并且反卷，上面除爪和唇盘两侧外密布白色短毛，近基部具1枚绿色方形的胼胝体。花期5—6月。

产云南东南部至南部、湖南、广东、香港、海南、广西和贵州。生于海拔700～1 000 m的山地林中树干上。分布于不丹、印度、缅甸、泰国和越南。

（吴棣飞/摄）

129 兜唇石斛 *Dendrobium aphyllum*

附生植物。花从落了叶或具叶的老茎上发出；花开展，下垂；萼片和花瓣白色带淡紫红色或浅紫红色的上部或有时全体淡紫红色；唇瓣两侧向上围抱蕊柱而形成喇叭状，基部两侧具紫红色条纹，两面密布短柔毛。花期3—4月。

产云南东南部至西部、广西和贵州。生于海拔400～1 500 m的疏林中树上或山谷岩石上。分布于印度、尼泊尔、不丹、缅甸、老挝、越南和马来西亚。

（吴棣飞/摄）

130 叠鞘石斛 *Dendrobium aurantiacum* var. *denneanum*

附生植物。茎直立。总状花序具10余朵花，花苞片较大；花黄色，唇瓣上面具1个大的紫色斑块。

产云南东南部至西北部、海南、广西和贵州。生于海拔600～2 500 m的山地疏林中树干上。分布于印度、尼泊尔、不丹、缅甸、泰国、老挝和越南。

（华国军/摄）

131 矮石斛 *Dendrobium bellatulum* Rolfe

（叶德平/摄）

附生植物。茎粗短，纺锤形或短棒状。叶两面和叶鞘均密被黑色短毛。花开展，除唇瓣的中裂片金黄色和侧裂片的内面橘红色外，均为白色；唇瓣近提琴形3裂。花期4—6月。

产云南东南部至西南部。生于海拔1 250～1 600 m的山地疏林中树干上。分布于印度、缅甸、泰国、老挝和越南。

（叶德平/摄）

132 长苏石斛 *Dendrobium brymerianum*

附生植物。茎在中部通常有2个节间膨大而成纺锤形。花金黄色，开展；唇瓣基部具短爪，上面密布短绒毛，中部以下边缘具短流苏，中部以上边缘具长而分枝的流苏，先端的流苏比唇瓣长。花期6—7月。

产云南东南部至西南部。生于海拔1 100～1 900 m的山地林缘树干上。泰国、缅甸和老挝也有分布。

（吴棣飞/摄）

133 短棒石斛 *Dendrobium capillipes* Rchb.f.

（叶德平/摄）

附生植物。茎近扁的纺锤形。花金黄色，开展；唇瓣的颜色比萼片和花瓣深，近肾形，边缘波状；两面密被短柔毛；药帽多少呈塔状，前端边缘近截形并且有缺刻。花期3—5月。

产云南南部。生于海拔900～1 450 m的常绿阔叶林内树干上。分布于印度、缅甸、泰国、老挝和越南。

（叶德平/摄）

134 翅萼石斛 *Dendrobium carinifeyum*

附生植物。叶下面和叶鞘密被黑色粗毛。子房三棱形；花开展，质地厚，具橘子香气；萼片背面中肋隆起呈翅状；萼囊呈长角状；唇瓣喇叭状，3裂；唇盘橘红色，沿脉上密生粗短的流苏。花期3—4月。

产云南南部。生于海拔1 200～1 400 m的林中树上。

（叶德平/摄）

（叶德平/摄）

135 束花石斛 *Dendrobium chrysanthum*

附生植物。叶二列，互生于整个茎上。花黄色，质地厚；唇瓣凹的，不裂，肾形或横长圆形，基部具1枚长圆形的胼胝体并且骤然收狭为短爪，上面密布短毛；唇盘两侧各具1个栗色斑块。花期9—10月。

产云南东南部至西南部、广西、贵州和西藏。生于海拔700～ 2 500 m的山地密林中树干或山谷阴湿的岩石上。分布于印度、尼泊尔、不丹、缅甸、泰国、老挝和越南。

（吴棣飞/摄）

136 鼓槌石斛 *Dendrobium chrysotoxum* Lindl.

附生植物。茎纺锤形，具多数圆钝的条棱。花金黄色，稍带香气；唇瓣近肾状圆形，先端浅2裂，上面密被短绒毛；唇盘通常呈八字形隆起，有时具U字形的栗色斑块。花期3—5月。

产云南南部至西部。生于海拔520～1 620 m阳光充足的常绿阔叶林中树干或疏林下岩石上。分布于印度、缅甸、泰国、老挝和越南。

（叶德平/摄）

137 草石斛 *Dendrobium compactum*

附生植物。植株矮小，茎多少纺锤形。总状花序不高出叶外；花绿白色，开展；唇瓣浅绿色，不明显3裂；中裂片边缘鸡冠状皱褶；唇盘具2～3条褶片连成一体的肉脊。花期9—10月。

产云南南部至西南部。生于海拔1 650～1 850 m的山地阔叶林中树干上。分布于缅甸和泰国。

（叶德平/摄）

138 玫瑰石斛 *Dendrobium crepidatum*

附生植物。茎悬垂，圆柱形，被绿色和白色条纹的鞘。花质地厚，开展；萼片和花瓣白色，中上部淡紫色；唇瓣中部以上淡紫红色，中部以下金黄色，上面密布短柔毛。花期3—4月。

产云南南部至西南部和贵州。生于海拔1 000～1 800 m的山地疏林中树干或山谷岩石上。分布于印度、尼泊尔、不丹、缅甸、泰国、老挝和越南。

（叶德平/摄）

139 晶帽石斛 *Dendrobium crystallinum*

附生植物。茎圆柱形，直立。总状花序数个，出自去年生落了叶的老茎上部，具1～2朵花；花大，开展；萼片和花瓣乳白色，上部紫红色；唇瓣橘黄色，上部紫红色，两面密被短绒毛。花期5—7月。

产云南南部。生于海拔540～1 700 m的山地林缘或疏林中树干上。分布于缅甸、泰国、老挝、柬埔寨和越南。

（叶德平/摄）

140 密花石斛 *Dendrobium densiflorum*

附生植物。本种和球花石斛很近，不同于本种茎较粗、长，具明显的四棱。叶较宽、长、厚。花萼浅黄色。花期4—5月。

产云南南部、广东、海南、广西和西藏。生于海拔420～1 000 m的常绿阔叶林中树干或山谷岩石上。分布于尼泊尔、不丹、印度、缅甸和泰国。

（叶德平/摄）

141 齿瓣石斛 *Dendrobium devonianum*

附生植物。茎下垂，细圆柱形；花瓣、萼片白色，上部具紫红色晕，花瓣基部收狭为短爪，边缘具短流苏；唇瓣白色，前部紫红色，边缘具复式流苏，上面密布短毛；唇盘两侧各具1个黄色斑块。花期4—5月。

产云南东南部至西部、广西、贵州和西藏。生于海拔1 500～1 850 m的山地密林中树干上。分布于不丹、印度、缅甸、泰国和越南。

（吴棣飞/摄）

142 反瓣石斛 *Dendrobium ellipsophyllum*

附生植物。茎具纵条棱，节间被叶鞘所包裹。叶二列，紧密互生于整个茎上，舌状披针形。花白色，常单朵从具叶的老茎上部发出，与叶对生，具香气；萼片、花瓣反卷，萼囊角状；唇瓣肉质，3裂，沿中轴线多少下弯而折叠；唇盘中部以上黄色，中央具3条褐紫色的龙骨脊。花期6月。

产云南东南部。生于海拔约1 100 m的山地阔叶林中树干上。分布于缅甸、老挝、柬埔寨、越南和泰国。

（叶德平/摄）

143 串珠石斛 *Dendrobium falconeri*

附生植物。茎中部或中部以上的节间常膨大，多分枝，在分枝的节上通常肿大而成念珠状。花大，开展，质地薄，很美丽；萼片淡紫色或水红色带深紫色先端；萼囊近球形；花瓣卵状菱形；唇瓣卵状菱形，边缘具细锯齿，基部两侧黄色；唇盘具1个深紫色斑块，上面密布短毛。花期5—6月。

（叶德平/摄）

产云南东南部至西部、湖南、台湾和广西。生于海拔800～1 900 m的山谷岩石和山地密林中树干上。不丹、印度、缅甸和泰国也有分布。

（李振坚/摄）

144 流苏石斛 *Dendrobium fimbriatum*

附生植物。茎圆柱形或有时基部上方稍呈纺锤形，长达150 cm，具多数纵槽。花金黄色，质地薄；唇瓣比萼片和花瓣的颜色深，边缘具复流苏；唇盘具1个新月形横生的深紫色斑块，上面密布短绒毛。花期4—6月。

产云南东南部至西南部、广西和贵州。生于海拔600～1 700 m的密林中树干或山谷阴湿岩石上。分布于印度、尼泊尔、不丹、缅甸、泰国和越南。

（叶德平/摄）

145 棒节石斛 *Dendrobium findlayanum*

附生植物。茎直立，节间扁棒状或棒状。花白色带玫瑰色先端，开展；花瓣宽长圆形，基部稍收狭为短爪；唇瓣凹的，先端锐尖带玫瑰色，基部两侧具紫红色条纹；唇盘中央金黄色，密布短柔毛。花期3月。

产云南南部。生于海拔800～900 m的山地疏林中树干上。缅甸、泰国和老挝也有分布。

（叶德平/摄）

146 曲轴石斛 *Dendrobium gibsonii*

附生植物。株型和流苏石斛相近，花序轴常折曲；花橘黄色，开展；萼囊近球形；唇瓣近肾形；唇盘两侧各具1个圆形栗色或深紫色斑块，上面密布细乳突状毛，边缘具短流苏。花期6—7月。

产云南东南部至南部和广西。生于海拔800～1 000 m的山地疏林中树干上。分布于尼泊尔、不丹、印度、缅甸和泰国。

（叶德平/摄）

147 杯鞘石斛 *Dendrobium gratiosissimum*

附生植物。茎圆柱形，具许多稍肿大的节，上部多少回折状弯曲。花白色带淡紫色先端，有香气，纸质；唇瓣边缘具睫毛，上面密生短毛；唇盘中央具1个淡黄色横生的半月形斑块。花期4—5月。

产云南南部。生于海拔800~1 700 m的山地疏林中树干上。分布于印度、缅甸、泰国、老挝和越南。

（叶德平/摄）

148 苏瓣石斛 *Dendrobium harveyanum*

附生植物。茎纺锤形，通常弧形弯曲，具多数扭曲的纵条棱。总状花序出自去年生具叶的近茎端，纤细，下垂，疏生少数花；花金黄色，质地薄，开展；花瓣边缘密生长流苏；唇瓣边缘具复式流苏；唇盘密布短绒毛。花期3—4月。

产云南南部。生于海拔1 100～1 700 m的疏林中树干上。分布于缅甸、泰国和越南。

（叶德平/摄）

149 霍山石斛 *Dendrobium huoshanense*

（吴棣飞/摄）

附生植物。茎直立，从基部上方向上逐渐变细。总状花序从落了叶的老茎上部发出，具1～2朵花；花淡黄绿色，开展；唇瓣近菱形，长和宽约相等，基部楔形并且具1枚胼胝体，上部稍3裂，两侧裂片之间密生短毛，近基部处密生长白毛；中裂片基部密生长白毛并且具1个黄色横椭圆形的斑块；蕊柱足基部密生长白毛。 花期5月。

产河南西南部、安徽西南部。生于山地林中树干和山谷岩石上。

（吴棣飞/摄）

150 疏花石斛 *Dendrobium henryi*

附生植物。茎常下垂，圆柱形。总状花序出自具叶的老茎中部，具1～2朵花；花金黄色，质地薄，芳香；唇瓣近圆形，两侧围抱蕊柱，边缘具不整齐的细齿；唇盘凹的，密布细乳突。花期6—9月。

（叶德平/摄）

产云南东南部至南部、湖南、广西和贵州。生于海拔600～1 700 m的山地林中树干或山谷阴湿岩石上。泰国和越南也有分布。

（吴棣飞/摄）

151 尖刀唇石斛 *Dendrobium heterocarpum*

（叶德平/摄）

附生植物。茎基部收狭，向上增粗，多少呈棒状。花开展，具香气，萼片和花瓣银白色或奶黄色；唇瓣卵状披针形，与萼片近等长，不明显3裂；中裂片银白色或奶黄色，上面密布红褐色短毛。花期3—4月。

产云南南部至西部。生于海拔1 500～1 750 m的山地疏林中树干上。分布于斯里兰卡、印度、尼泊尔、不丹、缅甸、泰国、老挝、越南、菲律宾、马来西亚和印度尼西亚。

（叶德平/摄）

152 小黄花石斛 *Dendrobium jenkinsii*

附生植物。该种与聚石斛十分相似，植物体各部分较小。总状花序短于或约等长于茎，具1～3朵花；花黄色，唇瓣整个上面密被短柔毛。花期4—5月。

产云南南部至东南部。常生于海拔700～1 300 m的疏林中树干上。分布于不丹、印度、缅甸、泰国和老挝。

（叶德平/摄）

153 美花石斛 *Dendrobium loddigesii*

附生植物。茎柔弱，常下垂，细圆柱形。花白色或紫红色，每束1～2朵侧生于具叶的老茎上部；唇瓣近圆形，上面中央金黄色，周边淡紫红色，边缘具短流苏，两面密布短柔毛。花期4—5月。

产云南南部、广西、广东、海南和贵州。生于海拔400～1 500 m的山地林中树干或林下岩石上。分布于老挝和越南。

（吴棣飞/摄） （陈亮俊/摄）

154 罗河石斛 *Dendrobium lohohense*

附生植物。茎质地稍硬，圆柱形，上部节上常生根而分出新枝条。总状花序减退为单朵花，侧生于具叶的茎端或叶腋，直立；花蜡黄色，稍肉质，开展；唇瓣不裂，前端边缘具不整齐的细齿。花期6月。

产云南西南部和东南部、湖北、湖南、广东、广西、四川和贵州。生于海拔980～1 500 m的山谷或林缘的岩石上。

（叶德平/摄）

155 长距石斛 *Dendrobium longicornu*

附生植物。叶两面和叶鞘均被黑褐色粗毛。花开展，除唇盘中央橘黄色外，其余为白色；萼片背面中肋稍隆起呈龙骨状；萼囊狭长，劲直，呈角状的距，稍短于花梗和子房；唇瓣前端近3裂；中裂片先端浅2裂，边缘具波状皱褶和不整齐的齿，有时呈流苏状。花期9—11月。

产云南东南部至西北部、广西和西藏。生于海拔1 200～2 500 m的山地林中树干上。分布于尼泊尔、不丹、印度和越南。

（吴棣飞/摄）

156 勐海石斛 *Dendrobium minutiflorum*

附生植物。植株矮小，茎狭卵形或多少呈纺锤形，具 3～4节。花绿白色或淡黄色，开展；唇瓣中部以上3裂；中裂片横长圆形，边缘多少皱波状，先端凹缺；唇盘具由3条褶片连成一体的宽厚肉脊。花期 8—9月。

产云南南部。生于海拔1 000～1 400 m的山地疏林中树干上。

（叶德平/摄）

157 细茎石斛 *Dendrobium moniliforme*

附生植物。花黄绿色、白色或白色带淡紫红色；唇瓣带淡褐色或紫红色至浅黄色斑块；唇盘在两侧裂片之间密布短柔毛，基部常具1枚椭圆形胼胝体，近中裂片基部通常具1个紫红色、淡褐色或浅黄色的斑块。花期通常3—5 月。

产云南东南部至西北部、陕西、甘肃、安徽、浙江、江西、福建、台湾 、河南、湖南、广东、广西、贵州和四川。生于海拔590～3 000 m的阔叶林中树干或山谷岩壁上。印度、朝鲜和日本也有分布。

（吴棣飞/摄）

石斛 *Dendrobium nobile*

附生植物。茎直立，肉质状肥厚，稍扁的圆柱形，上部多少呈回折状弯曲。花大，白色带淡紫色先端；唇瓣宽卵形，中部以下两侧围抱蕊柱，边缘具短的睫毛，两面密布短绒毛；唇盘中央具1个紫红色大斑块。花期4—5月。

产云南东南部至西北部、台湾、湖北、香港、海南、广西、四川、贵州和西藏。生于海拔480～1 700 m的山地林中树干或山谷岩石上。分布于印度、尼泊尔、不丹、缅甸、泰国、老挝和越南。

（吴棣飞/摄）

159 铁皮石斛 *Dendrobium officinale*

（吴棣飞/摄）

附生植物。叶鞘常具紫斑，老时其上缘与茎松离而张开，并且与节留下1枚环状铁青的间隙。花萼片和花瓣黄绿色，近相似，长圆状披针形；唇瓣白色，基部具1枚绿色或黄色的胼胝体；唇盘密布细乳突状的毛，并且在中部以上具1个紫红色斑块。花期3—6月。

产云南东南部和西部、安徽、浙江、福建、广西和四川。生于海拔约1 600 m的山地半阴湿的岩石上。

（吴棣飞/摄）

160 肿节石斛 *Dendrobium pendulum*

附生植物。茎常下垂，圆柱形，节肿大呈算盘珠子样。花大，白色，上部紫红色，开展；唇瓣中部以下金黄色，中部以下两侧围抱蕊柱，边缘具睫毛，两面被短绒毛。花期3—4月。

产云南南部。生于海拔1 050～1 600 m的山地疏林中树干上。分布于印度、缅甸、泰国、越南和老挝。

（叶德平/摄）

161 单葶草石斛 *Dendrobium porphyrochilum*

附生植物。茎肉质，直立，圆柱形或狭长的纺锤形。总状花序单生于茎顶，远高出叶外，弯垂，具10余朵小花；花开展，质地薄，具香气，金黄色或萼片和花瓣淡绿色带红色脉纹；唇瓣暗紫褐色，而边缘为淡绿色，不裂，全缘；唇盘中央具3条多少增厚的纵脊。花期6月。

产云南西部和广东。生于海拔约2 700 m的山地林中树干或林下岩石上。分布于尼泊尔、不丹、印度、缅甸和泰国。

（叶德平/摄）

162 报春石斛 *Dendrobium primulinum*

附生植物。茎下垂，厚肉质，圆柱形。花开展，下垂；萼片和花瓣淡玫瑰色；唇瓣淡黄色带淡玫瑰色先端，中下部两侧围抱蕊柱，两面密布短柔毛，边缘具不整齐的细齿；唇盘具紫红色的脉纹。花期3—4月。

产云南东南部至西南部。生于海拔 700～1 800 m的山地疏林中树干上。分布于印度、尼泊尔、缅甸、泰国、老挝和越南。

（叶德平/摄）

163 竹枝石斛 *Dendrobium salaccense*

附生植物。茎似竹枝，直立，圆柱形，长1 m余。花小，黄褐色，开展；唇瓣紫色，倒卵状椭圆形，先端圆形并且具1个短尖，上面中央具1条黄色的龙骨脊，近先端处具1枚长条形的胼胝体。花期2—7月。

产云南南部、海南和西藏。常生于海拔650～1 000 m的林中树干或疏林下岩石上。分布于缅甸、泰国、老挝、越南、马来西亚和印度尼西亚。

（叶德平/摄）

164 梳唇石斛 *Dendrobium strongylanthum*

附生植物。茎肉质，直立，圆柱形或多少呈长纺锤形。花黄绿色，但萼片在基部紫红色；唇瓣紫堇色，中部以上3裂；唇盘具由2～3条褶片连成一体的脊突；药帽半球形，前端边缘撕裂状。花期9—10月。

产云南南部至西部和海南。生于海拔1 000～2 100 m的山地林中树干上。缅甸和泰国也有分布。

（叶德平/摄）

165 球花石斛 *Dendrobium thyrsiflorum*

附生植物。茎圆柱形，有数条纵棱。花开展，质地薄；萼片和花瓣白色；唇瓣金黄色，上面密布短绒毛，背面疏被短绒毛；爪的前方具1枚倒向的舌状物。花期4—5月。

产云南东南部经南部至西部。生于海拔1 100~1 800 m的山地林中树干上。分布于印度、缅甸、泰国、老挝和越南。

（吴棣飞/摄）（叶德平/摄）

166 翅梗石斛 *Dendrobium trigonopus*

附生植物。茎丛生，呈纺锤形或有时棒状。子房三棱形；花下垂，不甚开展，质地厚，除唇盘稍带浅绿色外，均为蜡黄色。花期3—4月。

产云南南部至东南部。生于海拔1 150～1 600 m的山地林中树干上。缅甸、泰国、老挝也有分布。

（叶德平/摄）

（叶德平/摄）

167 蛇舌兰 *Diploprora championii*

附生植物。茎常下垂。叶镰刀状披针形或斜长圆形，先端具不等大的2～3个尖齿。花序轴多少回折状弯曲；花具香气，稍肉质，开展，萼片和花瓣淡黄色；唇瓣中部以下凹陷呈舟形，无距，稍3裂；中裂片向先端骤然收狭并且叉状2裂，其裂片尾状。花期2—8月。

产台湾、福建南部、香港、海南、广西和云南南部至东南部。生于海拔250～1 450 m的山地林中树干或沟谷岩石上。分布于斯里兰卡、印度（德干高原）、缅甸、泰国和越南。

（陈亮俊/摄）

168 双袋兰 *Disperis siamensis*

地生植物。通常较小，地下具根状茎与块茎。叶2枚，疏离；叶片心形。花2～3朵，粉红色；侧萼片斜卵形，下部约1/2合生，中部向外凹陷成囊状，两枚侧萼片处于同一平面，几呈圆形；花瓣宽阔，与中萼片靠合而成盔状；唇瓣基部有爪，贴生于蕊柱上，前部3裂。花期5—8月。

产台湾南部和云南南部。日本（琉球群岛）和泰国也有分布。

（叶德平/摄）

169 五唇兰 *Doritis pulcherrima*

附生植物。具3～6枚近基生的叶；叶上面绿色，背面淡绿或淡紫色。花序直立，高出叶外，疏生数朵花；花通常具香气，开放，萼片和花瓣淡紫色；唇瓣5裂，两小侧裂片之间具1枚方形的胼胝体；中裂片大，棕红色，近半圆形；顶裂片淡紫色，舌状，上面具3～4条肉质褶片。花期7—8月。

产海南（崖县、乐东等地）。生于密林或灌丛中，常见于覆有土层的岩石上。分布于印度东北部、缅甸、老挝、柬埔寨、越南、泰国、马来西亚和印度尼西亚。

（吴棣飞/摄）

170 宽叶厚唇兰 *Epigeneium amplum*

附生植物。根状茎常分枝，假鳞茎疏生，卵形或椭圆形，顶生2枚叶。花序顶生于假鳞茎，远比叶短，具1朵花；花大，开展，黄绿色带深褐色斑点；唇瓣基部无爪，3裂；唇盘具3条褶片，其中央1条较长。花期11月。

产广西西南部、云南东南部至西北部和西藏东南部。生于海拔1 000～1 900 m的林下或溪边岩石和山地林中树干上。分布于尼泊尔、不丹、印度东北部、缅甸、泰国和越南。

（叶德平/摄）

171 单叶厚唇兰 *Epigeneium fargesii*

(吴棣飞/摄)

附生植物。根状茎匍匐，假鳞茎斜立，中部以下贴伏于根状茎，近卵形，顶生1枚叶。花不甚张开，萼片和花瓣淡粉红色；唇瓣几乎白色，小提琴状；唇盘具2条纵向的龙骨脊。花期通常4—5月。

产安徽南部、浙江南部及东南部、江西西南部、福建西部、台湾、湖北西南部、湖南东南部、广东东部及北部、广西、四川和云南东南部。生于海拔400～2 400 m沟谷岩石或山地林中树干上。分布于不丹、印度和泰国。

(吴棣飞/摄)

172 景东厚唇兰 *Epilzeneium fuscescens*

附生植物。根状茎常分枝，假鳞茎疏生，狭卵形，稍弧曲上举，顶生2枚叶。花淡褐色；唇瓣基部无爪，整体轮廓呈卵状长圆形，3裂；中裂片先端通常具钩曲的芒；唇盘在两侧裂片之间具3条褶片。花期10月。

产广西西南部、云南南部至西部和西藏东南部。生于海拔1 800～2 100 m的山谷阴湿岩石上。印度东北部也有分布。

（叶德平/摄）

（叶德平/摄）

173 双叶厚唇兰 *Epigeneium rotundatum*

附生植物。根状茎多分枝，假鳞茎在根状茎上彼此相距3～11 cm，狭卵形，常弧曲状上举，长2～3 cm，中部粗4～7 mm，顶生2枚叶。花序顶生于假鳞茎，具单朵花；唇瓣基部无爪，整体轮廓为倒卵状长圆形，长2 cm，3裂；侧裂片半卵形，摊平后比中裂片宽；中裂片近肾形或圆形；唇盘在两侧裂片之间具3条褶片，其中央1条较短，在中裂片上具1条三角形宽厚的脊突；蕊柱长约1 cm，具长1 cm的蕊柱足。花期3—5月。

产广西（地点不详）、云南东南部和西北部（金平、大理、泸水、维西、腾冲、福贡）和西藏东南部（墨脱）。生于海拔1 300～2 500 m的林缘岩石和疏林中树干上。分布于尼泊尔、不丹、印度东北部和缅甸。

（叶德平/摄）

174 大叶火烧兰 *Epipactis mairei* var. *mairei*

地生植物。高达307 cm，茎直立，上部和花序轴被锈色柔毛。叶5～8枚，互生。总状花序具10～20朵花；花黄绿带紫色、紫褐色或黄褐色，下垂；唇瓣中部稍缢缩而成上下唇。花期6—7月，果期9月。

产陕西、甘肃、湖北、湖南、四川西部、云南西北部和西藏。生于海拔1 200～3 200 m的山坡灌丛中、草丛中、河滩阶地或冲积扇等地。

（叶德平/摄）

（叶德平/摄）

175 虎舌兰 *Epipogium roseum*

腐生植物。地下块茎狭椭圆形或近椭圆形，肉质，横卧；茎白色，肉质，无绿叶。总状花序顶生，具6～16朵花；花白色，唇瓣偶具紫红色斑点，不甚张开，下垂；唇瓣凹陷，不裂，略长于萼片；唇盘上常有2条密生小疣的纵脊；距圆筒状，明显短于唇瓣。花果期4—6月。

产台湾、广东、海南、云南南部至东南部和西藏东南部。生于林下或沟谷边荫蔽处，海拔500～1 600 m。越南、老挝、泰国、印度、尼泊尔、斯里兰卡、马来西亚、印度尼西亚、菲律宾、日本以及大洋洲和非洲热带地区也有分布。

（陈亮俊/摄）

176 钝叶毛兰 *Eria acervata*

附生植物。假鳞茎稍扁的纺锤状、酒瓶状，通常数个密集着生成一排。花萼片和花瓣白色，具香味；唇瓣黄色，基部具膝状关节，3裂；唇盘上具3条纵贯的龙骨状褶片。花期8月。

产云南南部和西藏。生海拔600～1 500 m的疏林中树上。印度、缅甸、泰国、老挝、柬埔寨和越南也有分布。

（叶德平/摄）

（叶德平/摄）

177 粗茎毛兰 *Eria arnica*

（叶德平/摄）

附生植物。假鳞茎纺锤形或圆柱形。序轴密生锈色卷曲柔毛；萼片和花瓣黄色带紫褐色脉纹，唇瓣黄色；萼片均具锈色曲柔毛；唇瓣3裂；中裂片肾形；唇盘上具3条褶片。花期3—4月。

产台湾和云南南部。生于海拔900～2 200 m的林中树上，在台湾也见于海拔900 m以下的阴湿林中。尼泊尔、不丹、印度、缅甸、老挝、越南、柬埔寨和泰国也有分布。

（叶德平/摄）

178 竹叶毛兰 *Eria bambusifolia*

附生植物。茎圆柱形，长达100 cm，具多节间和多数叶。花序轴呈之字形，有时弯曲成蝎尾状，花序轴、花梗、子房和萼片均密被灰棕色绒毛；花白色，具棕红色的脉；唇瓣不裂；唇盘棕红色，自基部至先端具3条密生白色乳突的褶片。花期12月。

产广西、云南南部。生于海拔950～1 200 m的林中树干上。印度东北部、缅甸、越南和泰国也有分布。

（叶德平/摄）

（叶德平/摄）

179 双点毛兰 *Eria bipunctata*

（叶德平/摄）

附生植物。假鳞茎密集，倒卵形或棍棒状，稍压扁。花序自假鳞茎顶端叶的外侧发出，被短柔毛；花白色，无毛；唇瓣3裂；侧裂片与中裂片交成直角。花期7月。

产云南南部。生于海拔1 750 m左右的林中树干上。印度、泰国和越南也有分布。

（叶德平/摄）

180 半柱毛兰 *Eria corneri*

附生植物。花序从假鳞茎近顶端叶的外侧发出；花白色或略带黄色；萼片和花瓣上均具白色线状突起物；唇瓣3裂；唇盘上面具3条波状褶片；中裂片上面具多条密集的鸡冠状或流苏状褶片。花期8—9月。

产福建南部、台湾、海南、广东西部、香港、广西南部、贵州西南部和云南东南部。生于海拔500～1 500 m的林中树上或林下岩石上。日本和越南也有分布。

（叶德平/摄）

（叶德平/摄）

181 足茎毛兰 *Eria coronaria*

（吴棣飞/摄）

附生植物。假鳞茎圆柱形，叶2枚着生于假鳞茎顶端。花序自两叶片之间发出，具数朵花；花白色，唇瓣上有紫色斑纹；唇瓣3裂；侧裂片与中裂片几成直角或锐角；唇盘上面具3条全缘或波浪状的褶片。花期5—6月。

产海南、广西、云南南部及西北部和西藏东南部。生于海拔1 300～2 000 m的林中树干或岩石上。尼泊尔、不丹、印度和泰国也有分布。

（吴棣飞/摄）

182 瓜子毛兰 *Eria dasyphylla*

附生植物。植株较矮小，全体被灰白色长硬毛，具交错的根状茎。叶簇生，厚肉质，形似瓜子。花淡黄色；萼片背面密被白色长毛；唇瓣背面被白色长毛，边缘具睫毛状齿，在近中部处具缢缩痕；缢缩处具2枚近长圆形的胼胝体。花期3—5月。

产云南西南部至南部。生于海拔950～1 600 m的树上。尼泊尔、印度、缅甸、老挝、越南和泰国也有分布。

（叶德平/摄）

183 香港毛兰 *Eria gagnepainii*

附生植物。根状茎明显，假鳞茎细圆筒形，长10～20 cm，顶端着生2枚叶。花黄色；唇瓣轮廓近圆形或卵圆形，3裂；侧裂片半圆形或卵状三角形，与中裂片近平行；中裂片近三角形或卵状三角形；唇盘自基部发出2条较高的弧形全缘褶片，在唇瓣1/3处增至5条波浪状的褶片。花期2—4月。

产海南、香港、云南南部至西北部和西藏东南部。生林下岩石上。越南也有分布。

（叶德平/摄）

184 白绵毛兰 *Eria lasiopetala*

附生植物。具横走根状茎，假鳞茎纺锤形。花序轴被柔软、厚密的白绵毛；萼片背面均密被厚密的白绵毛；唇瓣基部收缩成爪，3裂，裂片边缘波浪状；唇盘上具一个倒卵状披针形的加厚区，自基部延伸到中裂片上部。花期1—4月。

产海南东南部。生于海拔1 200～1 700 m的林荫下或近溪流的岩石或树干上。尼泊尔、不丹、印度、缅甸、泰国、老挝、柬埔寨和越南等也有分布。

（叶德平/摄）

（陈亮俊/摄）

185 棒茎毛兰 *Eria marginata*

（叶德平/摄）

附生植物。假鳞茎密集着生，棒锤状，中部和上部膨大，下部收狭。花常2朵，白色，具香气；萼片背面被白色绵毛；唇瓣3裂，中央自基部至中裂片上有1个加厚带，加厚带中央有1条脊状突起。花期2—3月。

产云南西南部至南部。生于海拔1 000～2 000 m的林缘树干上。泰国和缅甸也有分布。

（叶德平/摄）

186 长苞毛兰 *Eria obvia*

附生植物。假鳞茎密集，稍扁的纺锤形。花苞片较长；花白色；唇瓣3裂；侧裂片与中裂片相交成锐角；唇盘上面具3条褶片，两侧褶片较短，但较中间褶片高。花期4—5月。

产海南、广西西部和云南南部。生于海拔700～2 000 m的林中，常附生于树干上。

（叶德平/摄）

（叶德平/摄）

187 竹枝毛兰 *Eria paniculata*

（叶德平/摄）

附生植物。茎仅基部稍膨大，圆柱形，常下垂。叶厚革质，狭披针形，叶脉不明显。花序密被灰白色绵毛，密生多花；花淡黄绿色；萼片背面均密被灰白色绵毛；唇瓣3裂，唇瓣上面自基部至近先端处具1条白色、哑铃形的突起，基部两侧还各具1个小突起。花期4—6月。

产云南南部。生于海拔约800 m的林中树上。尼泊尔、不丹、印度、缅甸、泰国、老挝、柬埔寨和越南也有分布。

（叶德平/摄）

188 指叶毛兰 *Eria pannea*

附生植物。根状茎明显，假鳞茎圆柱形，叶圆柱形。花黄色；萼片外面密被白色绒毛，内面黄褐色，疏被绒毛；唇瓣不裂，深褐色，上面被白色短绒毛，背面基部被稍长的白色绒毛，基部收窄并具1枚线形胼胝体，近端部具1枚显著的长椭圆形胼胝体。花期4—5月。

产海南东南部、广西、贵州西南部、云南西南部和西藏东南部。生于海拔800～2 200 m的林中树上或林下岩石上。不丹、印度东北部、缅甸、泰国、老挝、柬埔寨、越南、新加坡、马来西亚和印度尼西亚也有分布。

（叶德平/摄）

（叶德平/摄）

189 对茎毛兰 *Eria pusilla*

（陈亮俊/摄）

附生植物。植株矮小，根状茎细长每隔2～5 cm着生2对近半球形假鳞茎。叶先端有芒。花白色，萼囊较长，内弯；花瓣与萼片近相似；唇瓣不裂，边缘具细缘毛；唇盘上具2条线纹。花期10—11月。

产福建南部、香港、广西南部、云南东南部和西藏东南部。生于海拔600～1 500 m的密林中阴湿岩石上。印度东北部、缅甸、越南和泰国也有分布。

（陈亮俊/摄）

190 菱唇毛兰 *Eria rhomboidalis*

附生植物。假鳞茎疏生，卵形，顶端着生2枚叶。花序生于假鳞茎顶端叶的外侧，具1朵花；花红色；唇瓣近菱形，3裂；唇盘基部发出2条褶片，延伸至近中裂片处；中裂片上面脉上疏生柔毛。花期4—5月。

产海南、广西西南部和云南东南部。生于海拔700～1 300 m的林下岩石上。

（叶德平/摄）

（叶德平/摄）

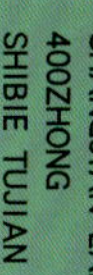

191 玫瑰毛兰 *Eria rosea*

（陈亮俊/摄）

附生植物。花白色或淡红色；中萼片背面有龙骨状突起；侧萼片背面有高达近2 mm的翅；花瓣近菱形；唇瓣3裂；中裂片近匙形或近方形；唇盘上有2～3条肥厚褶片自基部延伸到中裂片基部，再分成7条细褶片，中央褶片明显，伸达中裂片先端。花期1—2月。

产香港、海南、广西和云南。生于海拔约1 300 m的密林中，附生于树干或岩石上。

（陈亮俊/摄）

192 小毛兰 *Eria sinica*

附生植物。植株极矮小，假鳞茎密集着生，近球形或扁球形，顶端具2～3枚叶。花小，白色或淡黄色；唇瓣近椭圆形，不裂，中、上部边缘具不整齐细齿，上面中央自基部发出3条不等长的线纹。花期10—11月。

产广东南部、香港、浙江（泰顺、文成）和海南。生于林中，常与苔藓混生在石上或树干上。

（吴棣飞/摄）

（陈亮俊/摄）

193 密花毛兰 *Eria spicata*

附生植物。假鳞茎圆柱形或纺锤形，顶生2～4枚叶。花序轴、花梗和子房密生锈色柔毛；花白色，仅唇瓣先端黄色；唇瓣3裂。花期7—10月。

产云南南部和西藏。生于海拔800～2 800 m的山坡林中树上或河谷林下的岩石上。尼泊尔、印度东北部、缅甸和泰国也有分布。

（叶德平/摄）

194 鹅白毛兰 *Eria stricta*

附生植物。假鳞茎圆柱形，顶端稍膨大，顶生2枚叶。花序轴、花梗和子房密被白色绵毛；萼片背面密被白色绵毛；唇瓣3浅裂；唇盘中央有1条自基部至中裂片先端的加厚带，上面有3条褶片，至中裂片近先端处具1枚球形胼胝体。花期11月—次年2月。

产云南东南部和西藏。生于海拔800～1 300 m的山坡岩石或山谷树干上。尼泊尔、印度和缅甸也有分布。

（叶德平/摄）

195 黄绒毛兰 *Eria tomentosa*

附生植物。根状茎发达。花序从假鳞茎近基部处发出，高出叶面之上，密被黄棕色的绒毛；花梗和子房密被黄棕色绒毛；萼片背面密被黄棕色绒毛，稍厚；唇瓣3裂；唇盘自基部发出1条宽厚的带状物直达中裂片上部。花期4—5月。

产海南东南部和云南南部。附生于海拔800～1 500 m的树上或岩石上。印度东北部、缅甸、泰国、老挝和越南均有分布。

（叶德平/摄）

196 滇南毛兰 *Eria yunnanensis*

附生植物。假鳞茎椭圆形，稍扁，顶端有3～4枚叶。花序轴被锈色小疏柔毛；花小，直径约3 mm，淡绿黄色；唇瓣3裂；唇盘上具4～5条稍粗厚的脉。花期7—8月。

产云南南部。生于海拔约1 500 m的密灌丛中的树干上。

（叶德平/摄）

（叶德平/摄）

毛梗兰属 *Eriodes*

197 毛梗兰 *Eriodes barbata*

（叶德平/摄）

附生植物。假鳞茎近球形，顶生2～3枚叶。花葶直立，具短分枝或不分枝，密布柔毛，疏生少数至多数花；花萼片淡黄色带紫红色脉纹；唇瓣淡黄色带紫红色条纹，不裂，向下弯，先端稍扩大并在其两侧具小裂片。花期10—11月。

产云南南部至西南部。生于海拔1 400～1 700 m的山地林缘或疏林中树干上。印度、缅甸、泰国和越南也有分布。

（叶德平/摄）

198 钳唇兰 *Erythrodes blumei*

地生植物。根状茎伸长，匍匐。叶片卵形、椭圆形或卵状披针形，稍歪斜，具3条明显的主脉，具柄。花茎被短柔毛；花较小，萼片带红褐色或褐绿色，背面被短柔毛；唇瓣基部具距，前部3裂；侧裂片直立而小，中裂反折；距下垂，末端2浅裂。花期4—5月。

产台湾、广东、广西和云南；生于海拔400～1 500 m的山坡或沟谷常绿阔叶林下阴处。斯里兰卡、印度东北部、缅甸北部、越南和泰国也有分布。

（陈亮俊/摄）　（叶德平/摄）

199 黄花美冠兰 *Eulophia flava*

地生植物。假鳞茎扁的卵圆形或圆柱状。叶通常2枚，生于假鳞茎顶端，基部收狭成柄；叶柄中部以下套叠成假茎。花叶同时；总状花序侧生，高可达1 m以上，疏生10余朵花；花大，黄色，无香气，直径达4 cm以上；唇瓣3裂，基部凹陷成宽阔的囊状。花期4—6月。

产香港、海南、广西和云南南部。生于海拔800～1 400 m的溪边岩石缝中或开旷草坡。

（陈亮俊/摄）

200 美冠兰 *Eulophia graminea*

地生植物。假鳞茎卵球形或圆锥形，常露出地面。叶3～5枚，在花全部凋萎后出现，线形或线状披针形。花葶侧生，总状花序常且分枝，疏生多数花；花橄榄绿色，唇瓣白色而具淡紫红色褶片；唇盘上纵褶片，从接近中裂片开始一直到中裂片上褶片均分裂成流苏状。花期4—5月。

产安徽、台湾、广东、香港、海南、广西、贵州和云南南部。生于海拔700～1 200 m的疏林中草地上、山坡阳处、河边及海边沙滩林中。

（叶德平/摄）

201 紫花美冠兰 *Eulophia spectabilis*

地生植物。假鳞茎块状。叶2～3枚，基部收狭成柄。花叶同时；花葶侧生；总状花序疏生数朵花；花常紫红色，唇瓣稍带黄色；距着生于蕊柱足下方，完全附着于蕊柱足，仅前部与唇瓣连生。花期4—6月。

产江西和云南。生于海拔1 400～1 500 m的混交林中或草坡上。

（叶德平/摄）

202 无叶美冠兰 *Eulophia zollingeri*

腐生植物。假鳞茎块状，有节，位于地下。花褐黄色；侧萼片稍斜歪，基部着生于蕊柱足上；唇瓣生于蕊柱足上，近倒卵形或长圆状倒卵形，3裂；侧裂片多少围抱蕊柱；中裂片卵形，上面有5～7条密生乳突状腺毛的粗脉下延至唇盘上部；唇盘中央有2条近半圆形的褶片。花期4—6月。

产江西、福建、台湾、广东、广西和云南南部。生于海拔400～500 m的疏林下、竹林或草坡上。斯里兰卡、印度、马来西亚、印度尼西亚、 新几内亚岛、澳大利亚以及日本也有分布。

（陈亮俊/摄）

203 滇金石斛 *Flickingeria albopurpurea*

（叶德平/摄）

附生植物。茎黄色或黄褐色，多分枝，假鳞茎稍扁纺锤形，具1个节间，顶生1枚叶。花序出自叶腋具1～2朵花；花质地薄，开放仅半天则凋谢；萼片和花瓣白色；萼囊与子房交成直角，唇瓣白色，3裂；唇盘从后唇至前唇基部具2条密布紫红色斑点的褶脊。花期6—7月。

产云南南部。生于海拔800～1 200 m的山地疏林中树干或林下岩石上。分布于泰国、越南和老挝。

（叶德平/摄）

204 红头金石斛 *Flickingeria calocephala*

附生植物。假鳞茎近圆柱形，顶生1枚叶。花仅开放半天，随后凋谢；萼片和花瓣近柠檬黄色，中部以上向外反卷；唇瓣3裂；侧裂片淡橘红色，直立；中裂片前部橘红色，呈V字形；唇盘从后唇基部沿前唇基部边缘具2条棕红色而稍带波状的褶脊。花期6—7月。

产云南南部。生于海拔1 200 m的山地疏林中树干上。

（叶德平/摄）

（叶德平/摄）

205 大花盆距兰 *Gastrochilus bellinus*

附生植物。叶大，带状或长圆形，先端不等侧2裂。花大，萼片和花瓣淡黄色带棕紫色斑点；前唇白色带少数紫色斑点，近肾状三角形，边缘啮蚀状或流苏状，上面除中央的黄色垫状物外密布白色乳突状毛；后唇白色带少数紫色斑点，近圆锥形或半球形。花期4月。

产云南南部。生于海拔1 600～1 900 m的山地密林中树干上。泰国和缅甸也有分布。

（叶德平/摄）

206 盆距兰 *Gastrochilus calceolaris*

附生植物。叶先端不等侧2圆裂。花开展，萼片和花瓣黄色带紫褐色斑点；前唇边缘具不整齐的流苏或啮蚀状，上面中央增厚的垫状物黄色带紫色斑点，无毛，其余密生或疏生乳突状白色长毛；后唇盔状，口缘明显比前唇高。花期3—4月。

产海南、云南和西藏。生于海拔1 000～2 100 m的山地林中树干上。尼泊尔、印度、缅甸、泰国、越南和马来西亚也有分布。

（叶德平/摄）

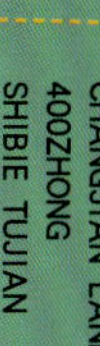

207 列叶盆距兰 *Gastrochilus distichus*

（叶德平/摄）

附生植物。茎悬垂，纤细，常分枝。叶二列，与茎交成锐角而伸展，先端2～3小裂，裂片刚毛状。花萼片和花瓣淡绿色带红褐色斑点；前唇近半圆形，边缘全缘，近基部具2枚圆锥形的胼胝体；后唇近杯状，上端口缘抬起并且向前唇基部歪斜。花期1—5月。

产云南西部至西南部和西藏。生于海拔1 100～2 700 m的山地林中树干上。分布于尼泊尔、不丹和印度。

（叶德平/摄）

208 无茎盆距兰 *Gastrochilus obliquus*

附生植物。叶二列，先端不等侧2裂。花序近伞形，常具5～8朵花；花芳香，萼片和花瓣黄色带紫红色斑点；前唇背面具1个乳头状突起，边缘撕裂状或啮蚀状；后唇兜状。花期通常10月。

产四川西南部和云南南部。生于海拔800～1 400 m的山地林缘树干上。分布于尼泊尔、不丹、印度东北部、缅甸、老挝、越南和泰国。

（叶德平/摄）

天麻属 *Gastrodia*

209 天麻 *Gastrodia elata*

（姚一麟/摄）

腐生植物。根状茎肥厚，块茎状；茎橙黄色、黄色、灰棕色或蓝绿色，无绿叶。花橙黄、淡黄、蓝绿或黄白色，近直立；萼片和花瓣合生成的花被筒长约1 cm，顶端具5枚裂片，筒的基部向前方凸出；唇瓣3裂，基部贴生于蕊柱足末端与花被筒内壁上并有1对肉质胼胝体，边缘有不规则短流苏。花果期5—7月。

产吉林、辽宁、内蒙古、河北、山西、陕西、甘肃、江苏、安徽、浙江、江西、台湾、河南、湖北、湖南、四川、贵州、云南和西藏。生于疏林下、林中空地、林缘和灌丛边缘，海拔400～3 200 m。尼泊尔、不丹、印度、日本、朝鲜半岛至西伯利亚也有分布。

（姚一麟/摄）

210 勐海天麻 *Gastrodia menghaiensis*

腐生植物。花近直立，白色；萼片和花瓣合生成花被筒，顶端5枚裂片的边缘皱波状；唇瓣基部有长爪，着生于蕊柱足末端并与花被筒内壁合生，基部有2枚胼胝体；唇瓣略3裂，先端边缘有细齿，中央有1条肉质纵脊；蕊柱具翅，基部有许多小疣状突起。花果期9—11月。

产云南南部。生于海拔约1 200 m林下。

（叶德平/摄）

211 北插天天麻 *Gastrodia peichatieniana*

腐生植物。植株高25～40 cm，根状茎多少块茎状，肉质。总状花序具4～5朵花；花近直立，白色或多少带淡褐色，长6～8 mm；萼片和花瓣合生成细长的花被筒，顶端具5枚裂片；外轮裂片(萼片离生部分)相似，三角形，边缘多少皱波状；内轮裂片(花瓣离生部分)略小；唇瓣小或不存在；蕊柱长5～6 mm，有翅，连翅宽1～1.5 mm，前方且中部至下部具腺点。花期10月。

产台湾北部(台北北插天山)、广东（南岭）和香港。生于林下，海拔900～1 500 m。

（陈亮俊/摄）

212 地宝兰 *Geodorum densiflorum*

地生植物。假鳞茎块茎状，多个连接。叶2～3枚，在花期已长成；叶柄有关节。花葶从植株基部鞘中发出，与叶等长或长于叶；总状花序俯垂，具10余朵花；花白色；唇瓣先端近截形并略有裂缺；唇盘上或中央有不规则的乳突区或1～2条肥厚的纵脊，变化很大，基部凹陷成浅囊状。花期6—7月。

产台湾、广东南部、海南、广西、四川西南部和云南南部。生于海拔1 500 m以下的林下、溪旁和草坡。斯里兰卡、印度、缅甸、越南、老挝、柬埔寨、泰国、马来西亚、印度尼西亚和日本琉球群岛也有分布。

（叶德平/摄）

213 多花地宝兰 *Gedorm recurvum*

地生植物。假鳞茎块茎状，多个相连。叶2～3枚，在花期已长成。总状花序俯垂，明显短于叶，常具10 余朵稍密集的花；花白色，仅唇瓣中央黄色和两侧有紫条纹；唇盘上有2～3条肉质的、近鸡冠状的纵脊。花期4—6月。

产广东南部、海南和云南南部至东南部。生于海拔500～900 m林下、灌丛中或林缘。越南、柬埔寨、泰国、缅甸和印度也有分布。

（叶德平/摄）

214 大花斑叶兰 *Goodyera biflora*

地生植物。4～5枚叶；叶片上面绿色，具白色均匀细脉连接成的网状脉纹，背面淡绿色，有时带紫红色，具柄。花通常2朵，罕3～6朵花，常偏向一侧；花大，长管状，白色或带粉红色；萼片线状披针形，近等长，背面被短柔毛；花瓣白色，无毛；唇瓣白色，基部凹陷呈囊状，内面具多数腺毛。花期2—7月。

（吴棣飞/摄）

产陕西南部、甘肃南部、江苏、安徽、浙江、台湾、河南南部、湖北、湖南、广东、四川、贵州、云南和西藏。生于海拔560～2 200 m的林下阴湿处。尼泊尔、印度、朝鲜半岛南部和日本也有分布。

（吴棣飞/摄）

215 多叶斑叶兰 *Goodyera foliosa*

地生植物。叶疏生于茎上或集生于茎的上半部，偏斜，绿色。总状花序具几朵至多朵密生而常偏向一侧的花；花中等大，半张开，白带粉红色、白带淡绿色或近白色；唇瓣基部囊半球形，内面具多数腺毛，前部舌状，先端略反曲，背面有时具红褐色斑块。花期7—9月。

产福建、台湾、广东、广西、四川、云南西部至东南部和西藏东南部。生于海拔300～1 500 m的林下或沟谷阴湿处。尼泊尔、不丹、印度东北部、缅甸、越南、日本和朝鲜半岛南部也有分布。

（陈亮俊/摄）

216 高斑叶兰 *Goodyera procera*

地生植物。茎直立，无毛，具6～8枚叶。总状花序具多数密生的小花，似穗状，花序轴被毛；花小，白色带淡绿，芳香。花期4—5月。

产安徽、浙江、福建、台湾、广东、香港、海南、广西、四川西部至南部、贵州、云南和西藏东南部。生于海拔250～1 550 m的林下。尼泊尔、印度、斯里兰卡、缅甸、越南、老挝、泰国、柬埔寨、印度尼西亚、菲律宾和日本也有分布。

（吴棣飞/摄）

217 小斑叶兰 *Goodyera repens*

（叶德平/摄）

地生植物。茎直立，具5～6枚叶。叶片上面深绿色具白色斑纹，背面淡绿色；花茎被白色腺状柔毛；总状花序具几朵至10余朵、密生、多少偏向一侧的花；花小，白色或带绿色或带粉红色，半张开；萼片背面被或多或少腺状柔毛；唇瓣基部凹陷呈囊状，前部呈短的舌状。花期7—8月。

产黑龙江、吉林、辽宁、内蒙古、河北、山西、陕西、甘肃、青海、新疆、安徽、台湾、河南、湖北、湖南、四川、云南和西藏。生于海拔700～3 800 m的山坡、沟谷林下。日本、朝鲜半岛、俄罗斯西伯利亚至欧洲、缅甸、印度、不丹至克什米尔地区以及北美洲的一些国家也有分布。

（叶德平/摄）

218 斑叶兰 *Goodyera schlechtendaliana*

地生植物。茎直立，绿色，具4～6枚叶。叶片上面绿色，具白色不规则的点状斑纹，背面淡绿色。花茎被长柔毛；总状花序具几朵至20余朵疏生近偏向一侧的花；花较小，白色或带粉红色，半张开。花期8—10月。

产山西、陕西南部、甘肃南部、江苏、安徽、浙江、江西、福建、台湾、河南南部、湖北、湖南、广东、海南、广西、四川、贵州、云南和西藏。生于海拔500～2 800 m的山坡或沟谷阔叶林下。尼泊尔、不丹、印度、越南、泰国、朝鲜半岛南部、日本和印度尼西亚（苏门答腊）也有分布。

（吴棣飞/摄）

219 歌绿斑叶兰 *Goodyera seikoomontana*

地生植物。具3～5枚叶，叶片颇厚，绿色，具3条脉。花茎长被短柔毛；总状花序具1～3朵花；花较大，绿色，张开，无毛；唇瓣前部三角状卵形，向下反卷。花期2月。

产我国台湾省南部和云南东南部。生于海拔700～1 300 m的林下。

（陈亮俊/摄）

220 绿花斑叶兰 *Goodyera viridiflora*

地生植物。叶片偏斜，绿色。花茎带红褐色，被短柔毛；总状花序具2～5朵花；花较大，绿色，张开，无毛；萼片先端淡红褐色；花瓣偏斜的菱形，白色，先端带褐色；唇瓣基部绿褐色，凹陷，囊状，内面具密的腺毛，前部白色，舌状，向下作之字形弯曲。花期8—9月。

产江西、浙江南部、福建、台湾、广东、海南、香港和云南。生于海拔300～2 600 m的林下、沟边阴湿处。尼泊尔、不丹、印度、泰国、马来西亚、日本（琉球）、菲律宾、印度尼西亚和澳大利亚也有分布。

（吴棣飞 /摄）

221 凸孔坡参 *Habenaria acuifera*

（叶德平/摄）

地生植物。具3～4枚疏生叶。总状花序具8～20余朵密生的花；花小，黄色；唇瓣向前伸展，基部3裂；侧裂片钻状，稍叉开；距细圆筒状棒形，下垂，距口的前面具0.5 mm高的环状物。花期6—8月。

产广西、四川西部至西南部和云南。生于海拔200～2 000 m山坡林下、灌丛或草地。印度东北部、缅甸、越南、泰国、老挝和马来西亚也有分布。

（叶德平/摄）

222 薄叶玉凤花 *Habenaria austrosinensis*

地生植物。具3～5枚叶。总状花序具多数花；花苞片边缘具缘毛，较子房短；花中等大，白色；侧萼片呈极强烈斜歪的三角形，前侧强烈膨大并臌出，呈现一个向下指、圆形的假先端，具3条强烈弯曲成弯弧形的脉；唇瓣基部之上3深裂；裂片相似，线形；距与子房等长或稍短。花期7—8月。

（叶德平/摄）

产云南南部。生于海拔1 100～1 350 m的沟谷林下阴湿处。泰国也有分布。

（叶德平/摄）

223 斧萼玉凤花 *Habenaria commelinifolia*

（叶德平/摄）

地生植物。茎直立，具4～6枚疏生的叶。花大，白色；中萼片宽倒卵形，盔状；侧萼片反折，为强烈斜歪的斧形，前侧强烈膨大而臌出，出现一个向下指、圆形的假先端，而真正的先端是在靠近中萼片的背侧，具3条强烈弯曲呈弧形的脉，脉在先端会合；唇瓣3深裂，裂片丝状线形。花期8月。

产云南西部至南部。生于海拔950～1 200 m的山坡林下。印度、尼泊尔、缅甸北部、泰国和越南也有分布。

（叶德平/摄）

224 鹅毛玉凤花 *Habenaria dentata*

地生植物。花白色，较大；萼片和花瓣边缘具缘毛；唇瓣3裂，侧裂片近菱形或近半圆形，前部边缘具锯齿；距细圆筒状棒形，下垂，较子房长；距口周围具明显隆起的凸出物。花期8—10月。

产安徽、浙江、江西、福建、台湾、湖北、湖南、广东、广西、四川、贵州、云南和西藏。生于海拔190～2 300 m的山坡林下或沟边。尼泊尔、印度、缅甸、越南、老挝、泰国、柬埔寨和日本也有分布。

（陈亮俊/摄）

225 细裂玉凤花 *Habenaria leptoloba*

地生植物。总状花序具8～12朵花；花苞片长于子房；花小，淡黄绿色；萼片淡绿色，中萼片与花瓣靠合呈兜状；侧萼片张开或向后反曲；唇瓣黄色，较长，基部3深裂，裂片线形。花期8—9月。

产香港。生于山坡林下阴湿处或草地。

（陈亮俊/摄）

226 线叶十字兰 *Habenaria linearifolia*

地生植物。具多枚疏生的叶，向上渐小成苞片状。花白色或绿白色，无毛；中萼片与花瓣相靠呈兜状；侧萼片张开，反折，斜卵形；花瓣2裂；唇瓣向前伸展，近中部3深裂；裂片线形，近等长；中裂片先端具流苏。花期7—9月。

产黑龙江、吉林、辽宁、内蒙古、河北、山东、江苏、安徽、浙江、江西、福建、河南和湖南。生于海拔200～1 500 m的山坡林下或沟谷草丛中。俄罗斯远东地区、朝鲜半岛和日本也有分布。

（吴棣飞/摄）

227 细花玉凤花 *Habenaria lucida*

地生植物。总状花序具数十朵较密生的花；花小，细长，黄绿色，常近水平伸展与花序轴近垂直或向下俯垂；萼片绿色；唇瓣黄色，基部3裂；侧裂片向后反折；中裂片向上翘弯，与中萼片和花瓣靠合而形成的兜其先端内侧紧靠。花期8—9月。

产台湾、海南、广东和云南。生于海拔400～1 200 m的山坡林下。印度东部、缅甸、越南、老挝、柬埔寨和泰国也有分布。

（叶德平/摄）

228 南方玉凤花 *Habenaria malintana*

地生植物。茎粗壮，具3～4枚疏生的叶，向上具5～6枚苞片状小叶。总状花序具10余朵密生的花；花葶无毛；花中等大，直径约1.5 cm，白色；唇瓣舌状披针形，通常不裂，基部两侧罕具很小的侧裂片，通常无距。花期10—11月。

产浙江、海南、广西南部、四川和云南西部至东南部。生于海拔500～1 100 m的山坡林下或草地。印度、缅甸、越南、泰国、菲律宾和马来西亚也有分布。

（叶德平/摄）

（叶德平/摄）

229 莲座玉凤花 *Habenaria plurifoliata*

（叶德平/摄）

地生植物。具10余枚集生呈莲座状伸展的叶。花黄绿色或白色，直立伸展，无毛；唇瓣基部3深裂；侧裂片和中裂片呈90°叉开，丝状；距下垂，较子房长。花期10月。

产广西和云南西南部。生于海拔700～800 m的山坡或江边林下。

（叶德平/摄）

230 肾叶玉凤花 *Habenaria reniformis*

地生植物。茎较纤细，基部具1～2枚叶。叶片肉质，近平展，圆形、卵状心形或宽卵形。花较小，绿色；唇瓣较萼片稍长或等长，线形，通常在中部至基部之间骤然收狭而形成2枚侧生小齿；距常不存在。花期10月。

产广东、香港和海南。生于山坡林下草丛中。尼泊尔、印度东北部、越南、柬埔寨和泰国也有分布。

（陈亮俊/摄）

231 橙黄玉凤花 *Habenaria rhodocheila*

（叶德平/摄）

地生植物。块茎长圆形。总状花序具数朵花；花中等大；萼片和花瓣绿色，唇瓣橙黄色、橙红色或红色；唇瓣向前伸展，轮廓卵形，4裂，基部具短爪；距细圆筒状，污黄色，下垂。花期7—8月。

产江西、福建、湖南、广东、香港、海南、广西、贵州和云南。生于海拔300～1 500 m的山坡或沟谷林下阴处地上或岩石上覆土中。越南、老挝、柬埔寨、泰国、马来西亚和菲律宾也有分布。

（陈亮俊/摄）

232 舌喙兰 *Hemipilia cruclata*

地生植物。茎基部具1枚叶。总状花序具8～10朵花；花浅红色至紫红色；唇瓣3深裂或3浅裂，在基部近距口处具2枚胼胝体。花期6—8月。

产台湾、四川西南部和云南西北部。生于海拔2 300～3 500 m的林下或山坡上。

（叶德平/摄）

233 短距舌喙兰 *Hemipilia limprichtii*

（叶德平/摄）

地生植物。茎在基部具1枚叶，罕具2枚叶。总状花序具10余朵花；花紫红色；唇瓣近圆形或五角形，先端微缺或具不整齐的细齿，在基部近距口处具2枚胼胝体；距较短。花期8月。

产贵州中部及西南部和云南中部。生于海拔1 000～1 300 m的山坡或开旷的湿地。

（叶德平/摄）

234 叉唇角盘兰 *Herminium lanceum*

地生植物。茎直立，常细长，中部具3～4枚疏生的叶。叶片线状披针形。花小，黄绿色或绿色；唇瓣下垂，无距，在中部或中部以上呈叉状3裂；侧裂片线形或线状披针形，较中裂片长很多。花期6—8月。

产陕西、甘肃、安徽、浙江、江西、福建、台湾、河南、湖北、湖南、广东、广西、四川、贵州和云南。生于海拔730～3 400 m的山坡杂木林至针叶林下、竹林下、灌丛下或草地中。朝鲜半岛南部、日本和中南半岛至喜马拉雅地区也有分布。

（叶德平/摄）

235 白肋翻唇兰 *Hetaeria cristata*

地生植物。叶片呈偏斜的卵形或卵状披针形，沿中肋具1条白色条纹或白色条纹不显著，背面淡绿色，具柄。花小，红褐色，半张开；萼片背面被毛，红褐色；花瓣偏斜，卵形，白色；唇瓣位于上方，兜状卵形，呈舟状，基部浅囊状，内面具2枚角状的胼胝体；唇盘上具一群纵向不规则散布的细肉突或2条纵向脊状隆起。花期9—10月。

产香港和台湾。生于山坡林下。日本、菲律宾和印度尼西亚（爪哇）也有分布。

（叶德平/摄）

236 大根槽舌兰 *Holcoglossum amesianum*

附生植物。基部具多数弯曲而肥壮的根。叶肉质，两侧常对折。花质地薄，开展，淡粉红色；唇瓣淡紫红色，3裂；中裂片近肾状圆形，基部具1枚直立的方形附属物，上面具3条深紫红色的脊突。花期3月。

产云南南部至西部。生于海拔1 250～2 000 m的山地常绿阔叶林中树干上。分布于缅甸、泰国、老挝和越南。

（叶德平/摄）

（叶德平/摄）

237 管叶槽舌兰 *Holcoglossum kimballianum*

附生植物。植株通常下垂，叶肉质，圆柱形，近轴面具1条凹槽。花序弯垂，疏生多数花；花大，开放，萼片和花瓣白色带淡色紫晕；唇瓣紫红色，3裂；上面在基部具2～3条褶片；药帽前端收狭。花期11月。

产云南东南部至西北部。生于海拔1 000～1 630 m的山地林中树干上。分布于缅甸和泰国。

（叶德平/摄）

238 湿唇兰 *Hygrochilus parishii*

附生植物。叶长圆形或倒卵状长圆形，先端不等侧2圆裂。花大，肉质，萼片和花瓣黄色带暗紫色斑点；萼片近相似，背面中肋隆起呈龙骨状；唇瓣肉质，3裂，基部具1个直立的附属物，上面紫丁香色，具1条纵向脊突；蕊喙2裂。花期6—7月。

产云南南部。生于海拔800～1 100 m的山地疏林中大树干上。分布于印度、缅甸、泰国、老挝和越南。

（叶德平/摄）

（叶德平/摄）

239 大尖囊兰 *Kingidium deliciosum*

附生植物。根簇生，扁平，长而弯曲。花序上部常分枝；花时具叶，萼片和花瓣浅白色带淡紫色斑纹；唇瓣3裂；侧裂片基部下延并且与中裂片基部形成宽圆锥形的距，内面中央具1个增厚的凸缘或脊突。 花期7月。

产海南和云南东南部。生于海拔450～1 100 m的山地林中树干或山谷岩石上。广泛分布于斯里兰卡、印度、热带喜马拉雅、缅甸、老挝、越南、柬埔寨、泰国、马来西亚、印度尼西亚和菲律宾。

（叶德平/摄）

240 镰翅羊耳蒜 *Liparis bootanensis*

附生植物。叶1枚，狭长圆状倒披针形。花通常黄绿色，有时稍带褐色，较少近白色；蕊柱上部两侧各有1翅，翅通常在前部下弯成钩状或镰状。花期8—10月。

产江西南部、福建、台湾、广东、海南、广西、四川西南部、贵州、云南和西藏东南部。生于林缘、林中或山谷阴处的树上或岩壁上，海拔800～2 300 m，在云南贡山可达3 100 m。不丹、印度、缅甸、越南、泰国、马来西亚、印度尼西亚、菲律宾和日本也有分布。

（陈亮俊/摄）

（华国军/摄）

241 丛生羊耳蒜 *Liparis cespitosa*

（叶德平/摄）

附生植物。假鳞茎密集，卵形、狭卵形至近圆柱形，顶端具1叶。花绿色或绿白色，很小；唇瓣近宽长圆形，先端近截形而有短尖，边缘有时稍呈波状，基部有1对向后延伸的耳，无明显的胼胝体。花期6—10月。

产台湾北部至东南部、海南和云南西北部至东南部。生于林中或荫蔽处的树上、岩壁或岩石上，海拔500～2 400 m。广泛分布于自非洲至亚洲和太平洋的热带地区。

（叶德平/摄）

242 小巧羊耳蒜 *Liparis delicatula*

附生植物。假鳞茎长圆形或近圆柱状梭形，顶端或近顶端处具2～3枚叶。花白色；中萼片背面有龙骨状突起；唇瓣先端近截形或浑圆并有短尾，中部以下两侧明显皱缩并扭曲，使上部强烈外折，基部两侧各有1个圆形的耳状皱褶，貌似胼胝体，近基部中央有1枚中央凹陷的胼胝体。花期10月。

产海南、云南西部至南部和西藏东南部。生于山坡或河谷林中树上，海拔500～2 900 m。印度和老挝也有分布。

（叶德平/摄）

（叶德平/摄）

243 扁球羊耳蒜 *Liparis elliptica*

（叶德平/摄）

附生植物。假鳞茎长圆形或椭圆形，压扁，顶端具2叶。花淡黄绿色；唇瓣近圆形或近宽卵圆形，先端长渐尖或为稍外弯的短尾状，前部边缘多少呈皱波状，由于中部或上部两侧常有耳状皱折而貌似3裂，无胼胝体。花期11月—次年2月。

产台湾北部至南部、四川南部、云南西部至南部和西藏东南部。生于林中树上，海拔200～1 500 m。印度、越南、泰国、印度尼西亚和斯里兰卡也有分布。

（叶德平/摄）

244 锈色羊耳蒜 *Liparis ferruginea*

地生草本。假鳞茎很小，狭卵形。花黄色，疏离；唇瓣倒卵状长圆形，浅黄棕色而略带淡紫色，多少外弯，先端宽阔而呈截形，常有凹缺，凹缺中又具细尖，基部有1对向后方伸展的耳，有2枚胼胝体生于近基部处。花期5—6月，果期8月。

产福建东南沿海和海南南部及西部沿海。生于溪旁、水田或沼泽的浅水中。泰国、柬埔寨、马来西亚和印度尼西亚也有分布。

（陈亮俊/摄）

245 见血青 *Liparis nervosa*

别名：脉羊耳蒜。地生植物。茎圆柱状，有数节，通常包藏于叶鞘之内。花紫色；唇瓣长圆状倒卵形，先端截形并微凹，基部收狭并具2枚近长圆形的胼胝体。花期2—7月。

产浙江南部、江西、福建、台湾、湖南南部、广东、广西、四川南部、贵州、云南和西藏东南部。生于林下、溪谷旁、草丛阴处或岩石上，海拔1 000～2 100 m。广泛分布于全世界热带与亚热带地区。

（吴棣飞/摄）

246 紫花羊耳蒜 *Liparis nigra*

地生草本。茎圆柱状，肥厚，肉质，有数节。花深紫红色，较大；唇瓣倒卵状椭圆形或宽倒卵状长圆形，先端截形或有时有短尖，边缘有明显的细齿，基部骤然收狭并有1对向后方延伸的耳，近基部有2枚胼胝体。花期2—5月，果期11月。

产台湾、广东南部、海南、广西、贵州西南部、云南中部至东南部和西藏东南部。生于常绿阔叶林下或阴湿的岩石覆土或地上，海拔500～1 700 m。泰国和越南也有分布。

（陈亮俊/摄）

247 长唇羊耳蒜 *Liparis pauliana*

地生草本。叶通常2枚，极少1枚，边缘皱波状并具不规则细齿，基部收狭成鞘状柄，无关节。花淡紫色，但萼片常为淡黄绿色；萼片线状披针形；花瓣近丝状；唇瓣倒卵状椭圆形，近基部常有2条短的纵褶片，有时纵褶片似皱褶而不甚明显。花期5月，果期10—11月。

产浙江、江西、湖北、湖南、广东北部、广西北部和贵州东部。生于林下阴湿处或岩石缝中，海拔600～1 200 m。

（吴棣飞/摄）

248 小花羊耳蒜 *Liparis platyrachis*

附生植物。假鳞茎密集，近圆柱形，稍压扁，具3～5枚近互生的叶，花白色；唇瓣近方形，明显短于萼片，先端浑圆而有凹缺或具细尖，在下部1/4处明显皱缩并扭曲，貌似有2个耳状物，近基部有4枚胼胝体，前方2个较大，后方2个较小。花期9月。

产云南西南部至南部。生于海拔约 1200 m的河边密林下。印度也有分布。

（叶德平/摄）

（叶德平/摄）

249 翼蕊羊耳蒜 *Liparis regnieri*

地生植物。具假鳞茎。花葶通常高出叶面1倍；花较密集，黄绿色；唇瓣长圆形，先端近截形并具短尖，下部在全长1/3处稍收狭，外折，基部有2枚胼胝体；子房具6条波状翅。花期6—7月。

产云南西南部至中部。生于海拔1 100～1 400 m的林中、林缘。越南、泰国和缅甸也有分布。

（叶德平/摄）

250 蕊丝羊耳蒜 *Liparis resupinata*

附生植物。假鳞茎近圆柱形或多少呈梭形，通常在上部具3～4枚近于互生的叶。花淡绿色或绿黄色；唇瓣宽椭圆状长圆形或宽卵状长圆形，形成上下唇；下唇中央有1枚2裂的肥厚胼胝体；蕊柱两侧有半圆形的宽翅，每侧翅的前方有1个下垂的丝状体。花果期10—12月。

产云南西部至东南部和西藏。生于海拔1 300～2 500 m的山坡密林中或河谷阔叶林中的树上。尼泊尔、不丹和印度也有分布。

（叶德平/摄）

251 扇唇羊耳蒜 *Liparis stricklandiana*

附生植物。假鳞茎密集，近长圆形，顶端或近顶端具2叶。花绿黄色；唇瓣扇形，先端近截形并具短尖，前部边缘具不规则细齿，基部收狭，近基部有1枚扁圆形的胼胝体；胼胝体中央贴生于唇瓣上并向前延伸而成宽阔、粗短的肥厚中脉。花期10月—次年1月。

（陈亮俊/摄）

产广东南部、海南、广西、贵州和云南西北部至东南部。生于林中树上或山谷阴处石壁上，海拔1 000～2 400 m。不丹和印度也有分布。

（陈亮俊/摄）

252 长茎羊耳蒜 *Liparis viridiflora*

别名：绿花羊耳蒜。附生植物。假鳞茎稍密集，通常为圆柱形，基部常多少平卧，上部直立，顶端具2叶。唇瓣近卵状长圆形，先端近急尖或具短尖头，边缘略呈波状，从中部向外弯，无胼胝体。花期9—12月。

（叶德平/摄）

产台湾、广东、海南、广西、四川西南部、云南和西藏东南部。生于林中或山谷阴处的树上或岩石上，海拔200～2 300 m。尼泊尔、不丹、印度、缅甸、孟加拉国、越南、老挝、柬埔寨、泰国、马来西亚、印度尼西亚、菲律宾和太平洋岛屿也有分布。

（叶德平/摄）

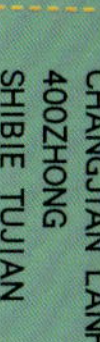

253 南川对叶兰 *Listera nanchuanica*

（叶德平/摄）

地生植物。具2枚对生叶，叶片宽卵形或宽卵状心形。花淡绿色，平展；唇瓣近倒卵形，先端2裂，基部收狭成柄并在两侧有1对耳状小裂片。花期7月。

产四川东南部和云南北部。生于海拔2 000～2 100 m的林中或林缘。

（蒋宏/摄）

254 血叶兰 *Ludisia discolor*

地生植物。根状茎伸长，匍匐。叶片上面黑绿色，具5条金红色有光泽的脉，背面淡红色，具柄。花白色或带淡红色；唇瓣下部与蕊柱的下半部合生成管，基部具囊，上部通常扭转，顶部扩大成横长方形片，唇瓣基部的囊2浅裂，囊内具2枚肉质的胼胝体。花期2—4月。

（陈亮俊/摄）

产广东、香港、海南、广西和云南南部。生于海拔900～1 300 m的山坡或沟谷常绿阔叶林下阴湿处。缅甸、越南、泰国、马来西亚、印度尼西亚和大洋洲的纳吐纳群岛也有分布。

（陈亮俊/摄）

255 长瓣钗子股 *Luisia filiformis*

（叶德平/摄）

附生植物。花稍肉质，萼片和花瓣浅白色；侧萼片对折而围抱唇瓣的两侧边缘，在背面中肋向先端逐渐扩大呈翅状；花瓣线形，较长；唇瓣暗紫色，前后唇之间的界线明显；后唇的基部两侧具耳；前唇宽卵状三角形，上面具数条带疣状凸起的纵向脊突。花期4—6月。

产云南东南部和南部。生于海拔700～1 100 m的山坡密林中树干上。分布于印度、泰国、老挝和越南。

（叶德平/摄）

256 纤叶钗子股 *Luisia hancockii*

附生植物。花肉质，开展；萼片和花瓣黄绿色；侧萼片对折，在背面龙骨状的中肋近先端处呈翅状；唇瓣前后唇无明显的界线；前唇紫色，上面具4条带疣状凸起的纵脊。花期5—6月，果期8月。

产浙江、福建和湖北。生于海拔200 m或更高的山谷崖壁或山地疏林中树干上。

（鲍洪华/摄）

（鲍洪华/摄）

257 大花钗子股 *Luisia magniflora*

（叶德平/摄）

附生植物。花近肉质，萼片和花瓣黄绿色，在背面具紫红色斑点；侧萼片对折并且围抱唇瓣前唇中下部两侧边缘而向前伸展，在背面中肋向先端变为宽翅；唇瓣暗紫色，前后唇的分界线明显；前唇心形，两侧下弯，上面具许多疣状凸起。花期4—7月。

产云南南部。生于海拔680～1 900 m的疏林中树干上。

（叶德平/摄）

258 钗子股 *Luisia morsei*

附生植物。花小，开展，萼片和花瓣黄绿色，萼片在背面着染紫褐色；侧萼片在背面中肋向先端变为宽翅而然后骤然收狭呈尖牙齿状并且伸出先端之外；唇瓣前后唇的界线明显；后唇围抱蕊柱，比前唇宽，稍凹陷。花期4—5月。

产海南、广西西南部、云南南部和贵州西南部。生于海拔330～700 m的山地林中树干上。分布于老挝、越南和泰国。

（叶德平/摄）

259 浅裂沼兰 *Malaxis acuminata*

（陈亮俊/摄）

别名：紫盾沼兰。地生或半附生草本。具圆柱形肉质茎。花紫红色，为属中较大者；唇瓣位于上方，整个轮廓为卵状长圆形或倒卵状长圆形，由前部和1对向后方延伸的尾组成，先端2浅裂。花果期5—7月。

产台湾中部、广东南部、贵州西南部和云南西南部至东南部。生于林下、溪谷旁或荫蔽处的岩石上，海拔300～2 100 m。尼泊尔、印度、缅甸、越南、老挝、泰国、印度尼西亚、菲律宾和澳大利亚也有分布。

（陈亮俊/摄）

260 二耳沼兰 *Malaxis biaurita*

地生草本。叶3枚，基部收狭成鞘状柄。花苞片反折；花紫红色至绿色；唇瓣位于上方，由前部与1对向后延伸的耳组成，中央有2条稍肥厚的短褶片。花期6月。

产云南南部。生于山坡林下，海拔约1 350 m。印度、缅甸、老挝和泰国也有分布。

（叶德平/摄）

261 美叶沼兰 *Malaxis calophylla*

地生草本。叶片上面淡褐色，两侧具白色斑带，十分美丽。花淡黄绿色；唇瓣位于上方，前部向先端骤然收狭而成短尖并有极浅的2裂。花期7月。

产海南和云南南部。生于密林下腐殖土上，海拔800～1 200 m。印度、缅甸、泰国、柬埔寨、马来西亚和印度尼西亚（加里曼丹）也有分布。

（叶德平/摄）

262 阔叶沼兰 *Malaxis latifolia*

地生或半附生草本。花葶具翅，具数十朵或更多的花；花紫红色至绿黄色，密集，较小；唇瓣近宽卵形，凹陷，先端骤然收狭或近3裂，形成尾状的中裂片。花期5—8月，果期8—12月。

产福建南部、台湾、广东、海南、广西和云南南部。生于海拔2 000 m以下的林下、灌丛中或溪谷旁荫蔽处的岩石上。尼泊尔、印度、缅甸、越南、老挝、柬埔寨、泰国、马来西亚、印度尼西亚、菲律宾、日本琉球群岛以及新几内亚岛和澳大利亚也有分布。

(陈亮俊/摄)

(陈亮俊/摄)

263 小沼兰 *Malaxis microtatantha*

地生小草本。叶1枚，接近铺地。花很小，黄色；唇瓣位于下方，近披针状三角形或舌状，先端近渐尖，基部两侧有1对横向伸展的耳。花期4月。

产江西中部、福建、台湾东部和云南西北部。生于林下或阴湿处的岩石上，海拔200～600 m。

（吴棣飞/摄）

264 齿唇沼兰 *Malaxis orbicularis*

地生植物。花暗紫色或黑紫色；唇瓣位于上方，整个轮廓近圆形或宽倒卵状椭圆形，由前部和1对向后方延伸的耳组成，前部近半圆形，先端有15～20条流苏状齿。花期6月。

产云南西南部至南部。生于海拔1 600～1 900 m的林下。

（叶德平/摄）

265 深裂沼兰 *Malaxis purpurea*

（叶德平/摄）

地生植物。肉质茎圆柱形，包藏于叶鞘之内。叶3～4枚。总状花序具数十朵花；花红色或偶见浅黄色；唇瓣位于上方，由前部和1对向后伸展的耳组成，前部通常在中部两侧骤然收狭而多少呈肩状，先端2深裂。花期6—7月。

产广西西南部、四川西部和云南西南部至南部。生于林下或灌丛中阴湿处，海拔450～1 600 m。斯里兰卡、印度、越南、老挝、泰国和菲律宾也有分布。

（叶德平/摄）

葱叶兰属 *Microtis*

266 葱叶兰 *Microtis unifolia*

地生植物。叶1枚，生于茎下部；叶片圆筒状，近轴面具1纵槽。花绿色或淡绿色；中萼片多少兜状，直立；唇瓣近狭椭圆形舌状，无距，近基部两侧各有1枚胼胝体；蕊柱顶端有2个耳状物。花果期5—6月或8—9月（台湾）。

产安徽、浙江、江西、福建、台湾、湖南、广东、广西和四川东南部。生于海拔100～750 m的草坡或阳光充足的草地上。日本、菲律宾、印度尼西亚、澳大利亚、新西兰和太平洋岛屿也有分布。

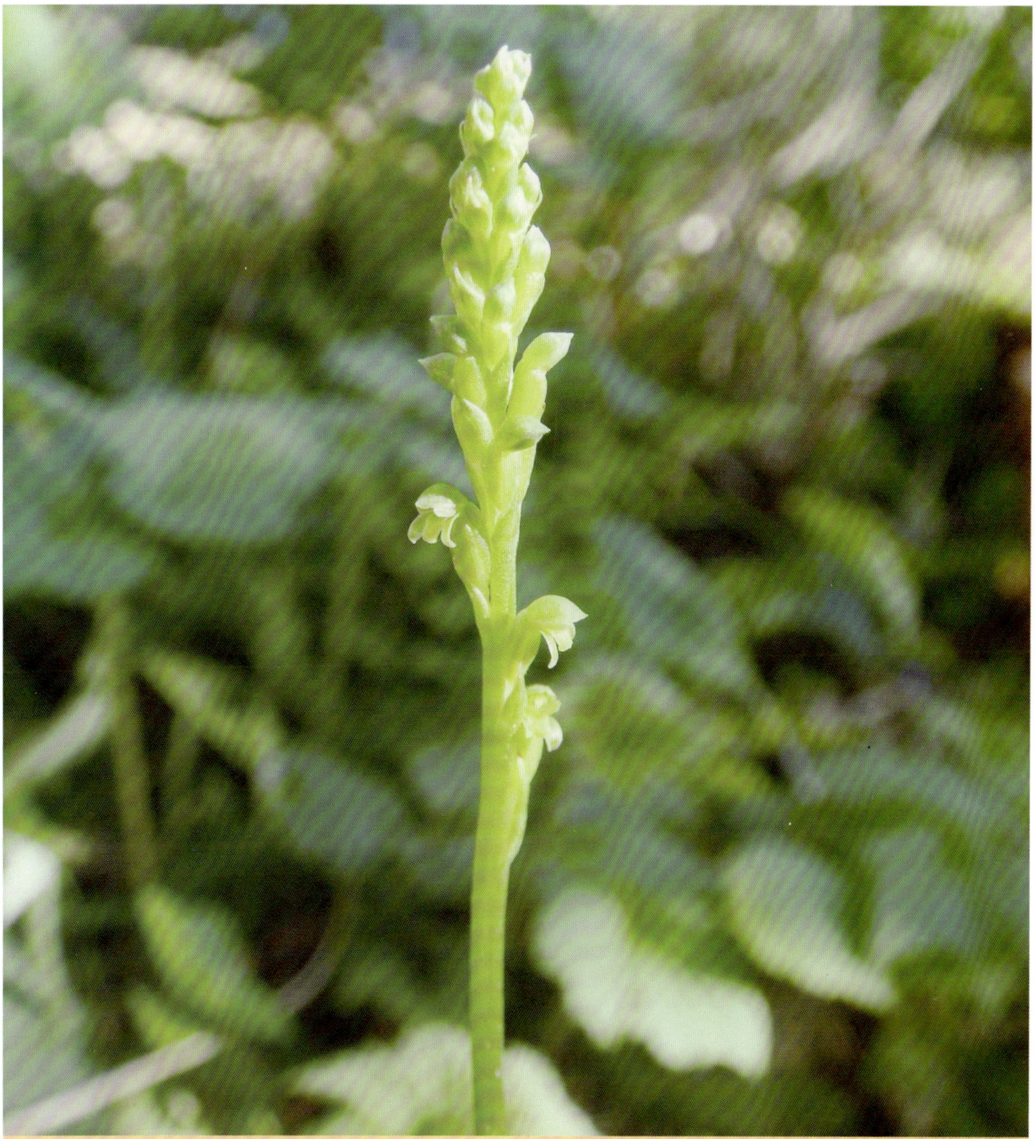

（吴棣飞/摄）

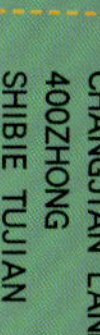

风兰属 *Neofinetia*

267 风兰 *Neofinetia falcata*

（华国军/摄）

附生植物。叶厚革质，狭长圆状镰刀形，基部具彼此套叠的V字形鞘。花白色，芳香；侧萼片背面中肋近先端处龙骨状隆起；花瓣倒披针形或近匙形；唇瓣肉质，3裂；中裂片舌形，基部具1枚三角形的胼胝体，上面具3条稍隆起的脊突；蕊柱翅在蕊柱上部扩大成三角形。花期4月。

产甘肃南部、浙江、江西西部、福建北部、湖北西南部和四川。生于海拔约1 520 m的山地林中树干上。分布于日本和朝鲜半岛南部。

（华国军/摄）

268 新型兰 *Neogyna gardneriana*

附生植物。假鳞茎狭卵形至近圆柱形，基部略收狭，顶端具2叶。花苞片宽卵状椭圆形至近圆形，状如竹箨；花白色；萼片背面龙骨状突起高约1 mm，基部囊深约4 mm；唇瓣顶端3裂；唇盘上有2条纵褶片。花期11月—次年1月。

产云南西南部至东南部。生于海拔600～2 200 m的林中树上或荫蔽山谷岩石上。老挝、泰国、缅甸、印度、不丹和尼泊尔也有分布。

（叶德平/摄）

269 二叶兜被兰 *Neottianthe cucullata*

地生植物。具2枚近对生的叶，叶上面有时具少数或多而密的紫红色斑点。花紫红色或粉红色；萼片彼此紧密靠合成兜；唇瓣向前伸展，上面和边缘具细乳突，基部楔形，中部3裂；距细圆筒状圆锥形中部向前弯曲呈U字形。 花期8—9月。

产黑龙江、吉林、辽宁、内蒙古、河北、山西、陕西、甘肃、青海、 安徽、浙江、江西、福建、河南、四川西部、云南西北部和西藏东部至南部。生于海拔400～4 100 m的山坡林下或草地。朝鲜半岛、日本、俄罗斯西北利亚地区至中亚、蒙古、 西欧和尼泊尔也有分布。

（华国军/摄）

270 云叶兰 *Nephelaphyllum tenuiflorum*

地生植物。植株匍匐状，假鳞茎叶柄状。花张开，绿色带紫色条纹；唇瓣不明显3裂；基部具囊状距；唇盘密布长毛，近先端处簇生流苏状的附属物。花期6月。

产海南、香港和云南。生于海拔约900 m的山坡林下。

（陈亮俊/摄）

271 广布芋兰 *Nervilia aragoana*

（叶德平/摄）

地生植物。块茎圆球形，叶1枚，在花凋谢后长出，具长柄。总状花序具10余朵花；花多少下垂，半张开；萼片和花瓣黄绿色，唇瓣白绿色、白色或粉红色，内面通常仅在脉上具长柔毛，中部之上明显3裂。花期5—6月。

产台湾、湖北、四川、云南西部至南部和西藏东南部至南部。生于海拔400～2 300 m的林下或沟谷阴湿处。尼泊尔、印度、孟加拉国、缅甸、越南、老挝、泰国、马来西亚、日本（琉球群岛）、菲律宾、印度尼西亚、新几内亚岛、澳大利亚和太平洋中的一些岛屿也有分布。

（叶德平/摄）

272 毛叶芋兰 *Nervilia plicata*

（叶德平/摄）

地生植物。块茎圆球形。叶1枚，在花凋谢后长出，带圆的心形，两面的脉上、脉间和边缘均有粗毛。总状花序具2～3朵花；花多少下垂，半张开；萼片和花瓣棕黄色或淡红色，具紫红色脉，近等大；唇瓣带白色或淡红色，具紫红色脉。花期5—6月。

产甘肃东南部、福建、广东、香港、广西、四川和云南。生于海拔500～1 000 m的林下或沟谷阴湿处。印度、孟加拉国、缅甸、越南、老挝、泰国、马来西亚、印度尼西亚（爪哇）、菲律宾、新几内亚岛和澳大利亚也有分布。

（陈亮俊/摄）

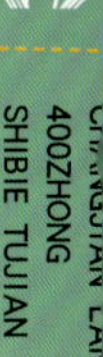

273 三蕊兰 *Neuwiedia singapureana*

地生植物。根状茎向下垂直生长，具节，节上发出略带木质并呈支柱状的根。叶多枚，近簇生于短的茎上。花绿白色或黄色，不甚张开；萼片长圆形或狭椭圆形，先端具芒尖，背面上部有腺毛，通常中萼片略小于侧萼片；花瓣倒卵形或宽楔状倒卵形，先端具短尖，背面中脉上具腺毛；中央花瓣(唇瓣)与侧生花瓣相似，但中脉较粗厚。花期5—6月。

（叶德平/摄）

产香港、海南和云南东南部至南部。生于海拔约500 m的林下。越南、泰国、马来西亚、新加坡和印度尼西亚也有分布。

（李琳/摄）

274 象鼻兰 *Nothodoritis zhejiangensis*

附生植物。叶常1～3枚，扁平，质地薄，背面或边缘通常具细密的暗紫色斑点。花质地薄，无香气；萼片和花瓣白色，内面具紫色横纹；蕊柱近基部具1枚黄绿色附属物，蕊喙狭长，似象鼻，几乎平伸，先端钩转而稍2裂。花期6月，果期7—8月。

产浙江。生于海拔350～900 m的山地林中或林缘树枝上。

（华国军/摄）

275 显脉鸢尾兰 *Oberonia acaulis*

（叶德平/摄）

附生植物。叶二列套叠，两侧压扁，略肥厚，剑形，基部有关节。花葶超出叶之上，总状花序较密集地生有数百朵小花；花绿黄白色；唇瓣轮廓近长圆状卵形3裂；侧裂片边缘啮蚀状或不规则裂缺；中裂片先端2裂。花果期11月—次年1月。

产云南南部至东南部。生于林中树上，海拔约1 000 m。印度、缅甸、泰国和越南也有分布。

（叶德平/摄）

276 剑叶鸢尾兰 *Oberonia ensiformis*

附生植物。叶二列套叠，两侧压扁，剑形，稍镰曲，基部有关节。花葶短于叶，较密集地着生百余朵或更多的花；花绿色；唇瓣3裂；侧裂片边缘啮蚀状；中裂片先端2裂，边缘稍啮蚀状；唇盘两侧缺口处各具1枚胼胝体。花期9—11月。

产广西北部和云南西部至南部。 生于林下树上，海拔900～1 600 m。尼泊尔、印度、缅甸、老挝、越南和泰国也有分布。

（叶德平/摄）

277 全唇鸢尾兰 *Oberonia integerrima*

（叶德平/摄）

附生植物。植株较粗壮，具短茎。叶二列套叠，两侧压扁，肥厚，剑形，基部有关节。总状花序极密集地生有数百朵小花；花黄绿色；唇瓣近扁圆形，不裂。花期9月。

产云南西南部至南部。生于石灰山林中树上，海拔1 000～1 600 m。越南和老挝也有分布。

（叶德平/摄）

278 棒叶鸢尾兰 *Oberonia myosurus*

附生植物。植株常倒悬，叶近圆柱形或扁圆柱形。总状花序具密集的小花；花白色或绿白色，仅唇瓣与蕊柱常略带浅黄褐色；唇瓣不明显3裂；侧裂片边缘有数个不规则的流苏状裂条；中裂片边缘也有数条不规则的流苏状裂条。花果期8—10月。

产贵州南部至西南部、广西西部和云南南部至东南部。生于林下或灌丛中的树木枝条上，海拔1 200～1 500 m。尼泊尔、印度、缅甸和泰国也有分布。

（叶德平/摄）

279 扁葶鸢尾兰 *Oberonia pachyrachis*

（叶德平/摄）

附生植物。叶不明显的二列套叠，剑形。花葶中部以上扁平，叶状，绿色，与叶完全合生，貌似从叶的上部一侧抽出；花极小，淡褐色；唇瓣不裂，基部两侧各有1个钝耳。花期11月—次年3月。

产云南西南部。生于密林下树上，海拔约2 100 m。印度、缅甸和泰国也有分布。

（叶德平/摄）

280 裂唇鸢尾兰 *Oberonia pyrulifera*

附生植物。叶两侧压扁，肥厚，通常稍镰曲，基部具关节。总状花序具数十朵或百余朵花；花黄色；唇瓣先端2深裂；先端小裂片宽披针形，略叉开或近平行。花果期9—11月。

（叶德平/摄）

产云南西北部至东南部。生于海拔1 700～2 500 m的林中树上。印度和泰国也有分布。

（叶德平/摄）

281 红唇鸢尾兰 *Oberonia rufilabris*

附生植物。叶两侧压扁，线形或线状披针形。花赤红色；唇瓣3裂而中裂片再度深裂；侧裂片位于唇瓣基部两侧，横向伸展，狭披针形；中裂片先端深裂而成的2枚小裂片披针形或线状披针形，叉开；花期9—10月。

产海南和云南南部。生于林中树上，海拔约1 000 m。尼泊尔、印度、缅甸、泰国、越南、柬埔寨和马来西亚也有分布。

（叶德平/摄）

282 广布红门兰 *Orchis chusua*

地生植物。块茎长圆形或圆球形，不裂。叶多为2～3枚，长圆状披针形、披针形或线状披针形至线形。花多偏向一侧，紫红色或粉红色；唇瓣向前伸展，3裂；距通常长于子房。花期6—8月。

产黑龙江、吉林、内蒙古、陕西南部、宁夏、甘肃东部、青海东部和东南部、湖北西部、四川、云南西北部至东北部和西藏东南部至南部。生于海拔500～4 500 m的山坡林下、灌丛下、高山灌丛草地或高山草甸中。朝鲜半岛、日本、俄罗斯西伯利亚、尼泊尔、不丹、印度北部和缅甸北部也有分布。

（华国军/摄）

283 长叶山兰 *Oreorchis fargesii*

（华国军/摄）

地生植物。叶2枚，线状披针形或线形。花10余朵或更多，通常白色并有紫纹；唇瓣近基部处3裂，基部有爪；侧裂片边缘多少具细缘毛。花期5—6月，果期9—10月。

产陕西南部、甘肃南部、浙江、福建北部、台湾、湖北和四川。生于林下、灌丛中或沟谷旁，海拔700～2 600 m。

（华国军/摄）

284 矮山兰 *Oreorchis parvula*

地生植物。叶1枚，狭椭圆状披针形或狭长圆形。花蜡黄色；萼片狭长圆状披针形；花瓣舌状披针形，略镰曲；唇瓣基部有短爪，3裂；唇盘基部有2条纵褶片，纵褶片多少合生。花期5—7月。

产四川西南部和云南西北部。生于林下或开阔草坡上，海拔3 000～3 800 m。

（吴棣飞/摄）

（吴棣飞/摄）

羽唇兰属 *Ornithochilus*

285 羽唇兰 *Ornithochilus difformis*

（叶德平/摄）

附生植物。圆锥花序下垂，远比叶长；花黄色带紫褐色条纹，萼片和花瓣稍反折；唇瓣褐色，3裂；中裂片锚状，朝蕊柱弯曲，基部具爪，边缘撕裂状并且向上翘，两侧具外弯的裂片。花期5—7月。

产广东南部、香港、广西、四川南部和云南南部至西部。生于海拔580～1 800 m的林缘或山地疏林中树干上。分布于热带喜马拉雅经缅甸、老挝、越南、泰国、马来西亚和印度尼西亚。

（叶德平/摄）

耳唇兰属 *Otochilus*

286 白花耳唇兰 *Otochilus albus*

附生植物。本种与狭叶耳唇兰相近，不同在于叶较宽，中脉不偏向一侧。唇瓣耳状侧裂片背面有小疣状突起；由耳状侧裂片形成的囊之内有1条纵脊。花期6月。

产云南西南部和西藏。生于海拔1 400～1 800 m的林中树上。尼泊尔、印度、缅甸和越南也有分布。

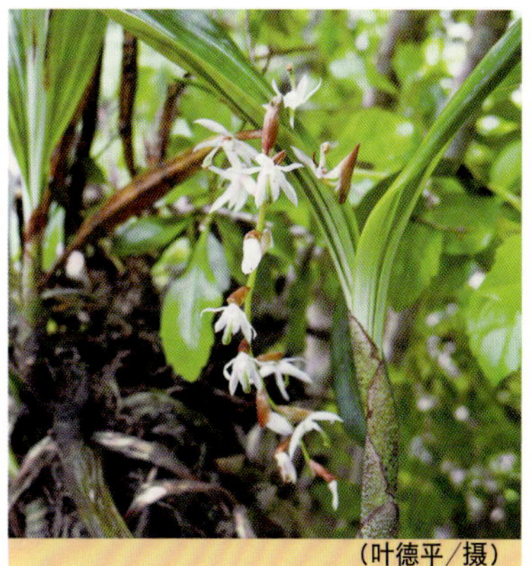

（叶德平/摄）

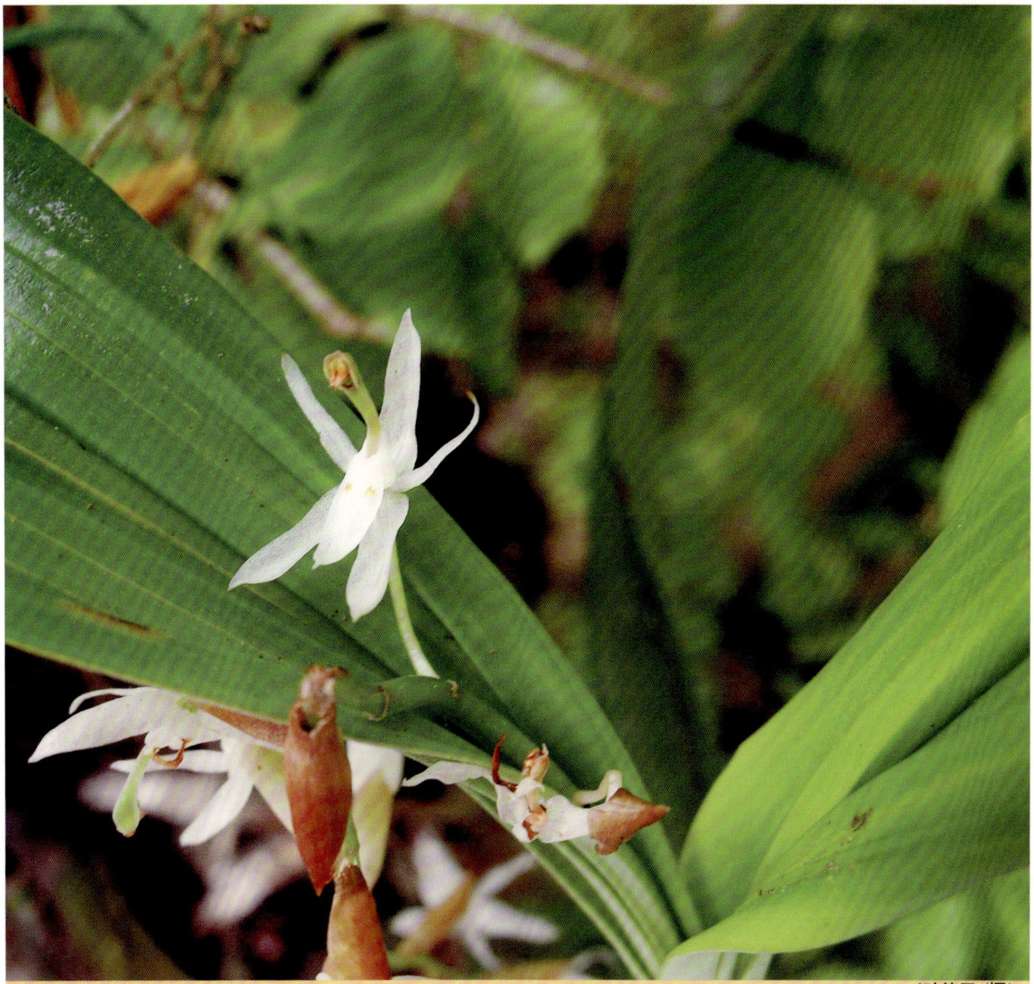

（叶德平/摄）

287 狭叶耳唇兰 *Otochilus fuscus*

（叶德平/摄）

附生植物。假鳞茎近圆筒形，仅在植株基部的数个假鳞茎连接处生根或除植株基部外均无根。叶两侧不等宽。花白色或带浅黄色；中萼片背面有龙骨状突起；唇瓣3裂；蕊喙鹦鹉嘴状。花期3月。

产云南南部至西北部。生于海拔1 200～2 100 m的林中树上。尼泊尔、不丹、印度、缅甸、越南、柬埔寨和泰国也有分布。

（叶德平/摄）

288 耳唇兰 *Otochilus porrectus*

附生植物。假鳞茎圆筒形，在互相连接处生数条根。花白色，有时萼片背面和唇瓣略带黄色；唇瓣3裂；基部耳状侧裂片围抱蕊柱；唇瓣基部的囊内有3条肥厚的脊；蕊喙狭披针形。花果期10—12月。

产云南西北部至东南部。生于海拔1 000～2 100 m的林中树上或岩石上。印度、缅甸、泰国和越南也有分布。

（叶德平/摄）

289 粉口兰 *Pachystoma pubescens*

地生植物。地下根状茎横生，叶1～2枚，花后发出。花黄绿色带粉红色；萼片背面密被毛；唇瓣贴生于蕊柱足上，上部3裂；唇盘从基部至中裂片先端纵贯3～5条具疣状突起的脊突。花期3—9月。

产台湾、广东、香港、海南、广西南部、贵州西南部和云南。通常生于海拔约800 m的山坡草丛中。广泛分布于热带喜马拉雅至东南亚和太平洋的一些岛屿。

（陈亮俊/摄）

290 平卧曲唇兰 *Panisea cavalerei*

（叶德平/摄）

附生植物。假鳞茎多个连成一串，每个假鳞茎中部以下平卧，上部向上弯曲，顶端生1枚叶。花单朵，淡黄白色；唇瓣先端近截形并具细尖头，上部边缘常有不规则细齿，基部凹陷而多少呈浅杯状，前部有2条短的纵褶片。花期12 月—次年4月。

产广西西南部、贵州西南部和云南中部至东南部。生于海拔2 000 m以下的林中或水旁荫蔽岩石上。

（叶德平/摄）

291 曲唇兰 *Panisea tricallosa*

附生植物。假鳞茎狭卵形或近椭圆形，顶端生1～2枚叶。花单朵，偶见2朵，白色；唇瓣倒卵状长圆形，基部有爪，先端浑圆、微凹或具细尖，边缘不明显的波状，前部有2条短的纵褶片生于粗厚的脉上。花期12月。

产海南和云南西南部。生于海拔2 100 m以下的林中树干上。不丹、印度、老挝、越南和泰国也有分布。

（叶德平/摄）

292 单花曲唇兰 *Panisea uniflora*

（叶德平/摄）

附生植物。假鳞茎较密集，狭卵形至长颈瓶状，顶端生2枚叶。花单朵，淡黄色；唇瓣基部有短爪，中部有2个不明显的腺体，在下部两侧各有1枚很小的侧裂片。花期10月—次年3月。

产云南东南部至南部。生于海拔800～1 100 m的林中或茶园内岩石上或树上。尼泊尔、不丹、印度、缅甸、泰国、老挝、越南和柬埔寨也有分布。

（叶德平/摄）

293 云南曲唇兰 *Panisea yunnanensis*

（叶德平/摄）

附生植物。假鳞茎较密集，狭卵形至卵形，基部明显收狭，顶端生2枚叶。花单朵或有时2朵，白色；唇瓣边缘略呈皱波状，基部有爪，无褶片或其他附属物。花期11—12月。

产云南东南部。生于海拔1 200～1 800 m的林中树上或岩石上。

（叶德平/摄）

294 卷萼兜兰 *Paphopedilum appletonianum*

地生植物。叶4～8枚，长15～22 cm，宽2～4 cm，叶面有深浅绿色相间的网格斑。中萼片绿色，基部常有紫晕，上部内卷；合萼片卵形，顶端具3小齿；花瓣上部淡紫红色，基部绿色具黑色的斑点，近匙形，长4.5～6 cm，宽1.5～2 cm，先端略有2～3个小齿；退化雄蕊横椭圆形或近圆形，长6～8 mm，宽7～9 mm，先端明显凹缺。花期1—5月。

产海南和广西南部。生于海拔300～1 200 m的林下阴湿、腐殖质多的土壤或岩石上。越南、老挝、柬埔寨和泰国也有分布。

（王炳谋/摄）

295 小叶兜兰 *Paphiopedilum barbigerm*

地生或半附生植物。花中等大；中萼片中央黄绿色至黄褐色，上端与边缘白色；合萼片与中萼片同色但无白色边缘；花瓣边缘奶油黄色至淡黄绿色，中央有密集的褐色脉纹或整个呈褐色；唇瓣浅红褐色。花期10—12月。

产广西北部和贵州。生于海拔800～1 500 m的石灰岩山丘荫蔽多石之地或岩隙中。

（叶德平/摄）

296 巨瓣兜兰 *Paphiopedilum bellatulum*

地生或半附生植物。叶基生，二列，4～5枚，上面有深浅绿色相间的网格斑，背面密布紫色斑点。顶端生1花，高不超过叶；花白色或带淡黄色，具紫红色或紫褐色粗斑点；花瓣巨大，宽椭圆形；唇瓣深囊状，椭圆形，基部具很短的爪，囊口边缘内弯，囊底有毛；退化雄蕊近圆形或略带方形，先端钝或略有3齿。花期4—6月。

产广西西部和云南东南部至西南部。生于海拔1 000～1 800 m的石灰岩岩隙积土处或多石土壤上。缅甸和泰国也有分布。

（叶德平／摄）

（叶德平／摄）

297 长瓣兜兰 *Paphiopedilum dianthum*

附生植物。叶2～5枚，宽带形或舌状，厚革质。总状花序具2～4朵花；花梗和子房近无毛；花大；中萼片与合萼片白色而有绿色的基部和淡黄绿色脉，花瓣淡绿色或淡黄绿色并有深色条纹或褐红色晕，唇瓣绿黄色并有浅栗色晕；花瓣下垂，长带形，从中部至基部边缘常有数个具毛的黑色疣状突起或长柔毛；唇瓣倒盔状，基部具宽阔的长柄。花期7—9月，果期11月。

（吴棣飞/摄）

产广西西南部、贵州西南部和云南东南部。生于海拔1 000～2 250 m的林缘或疏林中的树干或岩石上。

（吴棣飞/摄）

298 白花兜兰 *Paphiopedilum emersonii*

地生或半附生植物。叶3～5枚，上面深绿色，通常无深浅绿色相间的网格斑，中脉在背面呈龙骨状突起。花大，白色，有时带极淡的紫蓝色晕，花瓣基部有少量栗色或红色细斑点，唇瓣上有时有淡黄色晕，通常具不甚明显的淡紫蓝色斑点，退化雄蕊淡绿色并在上半部有大量栗色斑纹；唇瓣深囊状；基部具短爪，囊口近圆形，整个边缘内折，囊底具毛。花期4—5月。

产广西北部和贵州南部。生于海拔约780 m的石灰岩灌丛中覆有腐殖土的岩壁或岩石缝隙中。

（叶德平/摄）

299 亨利兜兰 *Paphiopedilum henryanum*

地生或半附生植物。中萼片奶油黄色或近绿色，有许多不规则的紫褐色粗斑点，合萼片色泽相近但无斑点或具少数斑点，花瓣玫瑰红色，基部有紫褐色粗斑点，唇瓣亦玫瑰红色并略有黄白色晕与边缘；唇瓣倒盔状，基部具宽阔的长约1.5 cm的柄；退化雄蕊倒心形至宽倒卵形。花期7—8月。

产云南东南部。生于海拔约1 300 m的林缘草坡上。越南也有分布。

（叶德平/摄）

（吴棣飞/摄）

（吴棣飞/摄）

（吴棣飞/摄）

300 麻栗坡兜兰 *Paphiopedilum malipoense*

地生或半附生植物。具短的根状茎。叶上面有深浅绿色相间的网格斑，背面紫色或不同程度地具紫色斑点，边缘具缘毛。花黄绿色或淡绿色，花瓣上有紫褐色条纹，唇瓣上有时有不甚明显的紫褐色斑点，退化雄蕊白色而近先端有深紫色斑块，较少斑块完全消失；唇瓣深囊状，近球形，囊口近圆形，整个边缘内折。花期12月—次年3月。

产广西西部、贵州西南部和云南东南部。生于海拔1 100～1 600 m的石灰岩山坡林下多石处或积土岩壁上。越南也有分布。

（叶德平/摄）

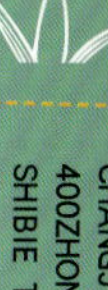

301 飘带兜兰 *Paphiopedilum parishii*

附生植物。总状花序具3～5(～8)朵花；花梗和子房被短柔毛；花较大；中萼片与合萼片奶油黄色并有绿色脉，尤其在近基部处，花瓣基部至中部淡绿黄色并有栗色斑点和边缘，中部至末端近栗色，唇瓣绿色而有栗色晕，但囊内紫褐色；花瓣长带形，下垂，强烈扭转，偶见被毛的疣状突起或长的缘毛。花期6—7月。

产云南南部。生于海拔1 000～1 100 m的林中树干上。缅甸和泰国也有分布。

（姚一麟/摄）

302 紫纹兜兰 *Paphiopedilum purpuratum*

地生或半附生植物。叶3～8枚，叶片上面具暗绿色与浅黄绿色相间的网格斑，背面浅绿色。中萼片白色而有紫色或紫红色粗脉纹，合萼片淡绿色而有深色脉，花瓣紫红色或浅栗色而有深色纵脉纹、绿白色晕和黑色疣点，唇瓣紫褐色或淡栗色，退化雄蕊色泽略浅于唇瓣并有淡黄绿色晕。花期10月—次年1月。

产广东南部、香港、广西南部和云南东南部。生于海拔700 m以下的林下腐殖质丰富多石之地或溪谷旁苔藓砾石丛生之地或岩石上。越南也有分布。

（吴棣飞/摄）

303 紫毛兜兰 *Paphiopedilum villosum*

地生或附生植物。叶深黄绿色，背面近基部有紫色细斑点。花梗和子房密被紫褐色长柔毛；花大；中萼片中央紫栗色而有白色或黄绿色边缘，合萼片淡黄绿色，花瓣具紫褐色中脉，中脉的一侧(上侧)为淡紫褐色，另一侧(下侧)色较淡或呈淡黄褐色，唇瓣亮褐黄色而略有暗色脉纹。花期11月—次年3月。

产云南南部至东南部。生于海拔1 100～1 700 m的林缘或林中树上透光处或多石、有腐殖质和苔藓的草坡上。缅甸、越南、老挝和泰国也有分布。

(叶德平/摄)

304 彩云兜兰 *Paphiopedilum wardii*

地生植物。叶片上面具深浅绿色相间的网格斑，叶背具有紫色斑点，叶狭长圆形，长10～17 cm，宽4～5.5 cm。中萼片与合萼片白色而有绿色粗脉纹，花瓣上密生暗栗色细斑点。花期12月—次年3月。

产云南西南部。生于海拔1 200～1 700 m的山坡草丛多石积土中。缅甸也有分布。

（吴棣飞/摄）

（吴棣飞/摄）

305 龙头兰 *Pecteilis susannae*

别名：白蝶兰。地生植物。植株高达150 cm。花大，白色，芳香；中萼片阔卵形或近圆形，先端圆钝；侧萼片宽卵形，张开，稍偏斜，较中萼片稍长；花瓣线状披针形，甚狭小，较萼片短很多；唇瓣3裂；中裂片线状长圆形，全缘；侧裂片宽阔，近扇形，外侧边缘成篦状或流苏状撕裂，内侧边缘极全缘。花期7—9月。

产江西、福建、广东、香港、海南、广西、贵州、四川西南部和云南西北部及中部至东南部。生于海拔540～2 500 m的山坡林下、沟边或草坡。马来西亚、缅甸、印度至尼泊尔也有分布。

（陈亮俊/摄）

306 尾丝钻柱兰 *Pelatantheria bicuspidata*

附生植物。叶舌形，常对折呈V字形，向外下弯呈镰刀状，先端不等侧2裂。萼片和花瓣淡白色带淡紫红色的脉纹；唇瓣淡白色带蜡黄色的唇盘，3裂；中裂片先端短尾状并且2～3浅裂；蕊柱中部以下两侧各具一簇白色、透明的短腺毛。花期 6—10月。

产贵州西南部和云南南部。常生于海拔800～1 400 m的山地疏林中大树干或疏林下岩石上。分布于泰国。

（叶德平/摄）

（叶德平/摄）

307 钻柱兰 *Pelatantheria rivesii*

（叶德平/摄）

附生植物。花质地厚；萼片和花瓣淡黄色带2～3条褐色条纹，多少反折；唇瓣粉红色，3裂；中裂片基部两侧各具1枚乳头状突起的胼胝体；蕊柱前面两侧密生白色透明的长腺毛。花期10月。

产广西西部、云南南部。生于海拔700～1 100 m的常绿阔叶林中树干或林下岩石上。分布于老挝和越南。

（叶德平/摄）

308 巾唇兰 *Pennilabium proboscideum*

附生植物。总状花序侧生于茎的基部，近下垂；花白色，地薄；花瓣狭长圆形，全缘，具暗紫红色斑点；唇瓣3裂；侧裂片大，近匙形，先端圆形，前端边缘具不规则的齿；中裂片近舌形；距口上缘抬起。花期9月。

产云南南部。生于海拔约1 300 m的密林中树干上。

（叶德平/摄）

（叶德平/摄）

309 长须阔蕊兰 *Peristylus calcaratus*

地生植物。茎近基部具3～4枚集生的叶。总状花序具多数密生或疏生的花；花小，淡黄绿色；唇瓣基部与花瓣的基部合生，3深裂，侧裂片叉开，与中裂片约成90°的夹角，丝状；距下垂，棒状或带纺锤形。花期7—10月。

产江苏、江西、浙江、台湾、湖南、广东、香港、广西和云南。生于海拔250～1 340 m的山坡草地或林下。中南半岛也有分布。

（陈亮俊/摄）

310 大花阔蕊兰 *Peristylus constrictus*

（叶德平/摄）

地生植物。茎中部具4～5枚叶。总状花序具多数密生的花；花在本属中属最大，萼片淡褐色，花瓣和唇瓣纯白色，具香气；唇瓣深3裂，裂至中部；距短，圆球形，颈部缢狭。花期6—7月。

产云南西南部。生于海拔1 500～2 000 m的山坡灌丛下。尼泊尔、不丹、印度、缅甸、越南、泰国和柬埔寨也有分布。

（叶德平/摄）

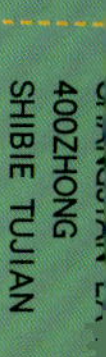

311 撕唇阔蕊兰 *Peristylus lacertiferus*

地生植物。茎近基部具2～3枚叶。总状花序具多数密生的花；花小，绿白色或白色；唇瓣中部3裂；中裂片舌状；侧裂片与中裂片同向，线形或线状披针形，稍镰状弯曲，多少有叉开。花期7—8月。

产福建、台湾、广东、香港、海南、广西、四川和云南。生于海拔600～1 270 m的山坡林下、灌丛下或山坡草地向阳处。印度、缅甸、中南半岛、马来西亚、菲律宾、印度尼西亚和日本（琉球群岛）也有分布。

（陈亮俊/摄）

312 纤茎阔蕊兰 *Peristylus mannii*

地生植物。茎近基部具2～3枚叶。总状花序具少数至多数疏生的花，稍旋卷；花小，绿色或淡黄色；唇瓣3裂，裂片线形；中裂片较侧裂片宽且较长；距极短，囊状。花期9—10月。

产四川和云南；生于海拔1 800～2 900 m的山坡疏林中、灌丛下或山坡草地中。印度也有分布。

（叶德平/摄）

313 黄花鹤顶兰 *Phaius flavus*

地生植物。叶通常具黄色斑块。花柠檬黄色，不甚张开；唇瓣贴生于蕊柱基部，前端3裂；侧裂片围抱蕊柱；中裂片近圆形，前端边缘褐色并具波状皱褶；唇盘具3～4条多少隆起的褐色脊突。花期4—10月。

（吴棣飞/摄）

产福建、台湾、湖南北部、广东、广西、香港、海南、贵州、四川、云南和西藏东南部。生于海拔300～2 500 m的山坡林下阴湿处。斯里兰卡、尼泊尔、不丹、印度东北部、日本、菲律宾、老挝、越南、马来西亚、印度尼西亚和新几内亚岛也有分布。

（叶德平/摄）

314 长茎鹤顶兰 *Phaius longicruris*

地生植物。假鳞茎圆柱形，具3～8节。叶6枚互生于假鳞茎上部，基部互相包卷并形成假茎。总状花序具少数花；花中等大，张开；萼片和花瓣淡黄绿色；唇瓣白色，贴生于蕊柱基部至基部的上方，前部近3裂；唇盘具3条黄绿色的龙骨状脊突；距黄色，末端稍钩曲。花期8—10月。

产云南南部。生于海拔1 000～1 400 m的沟谷密林下。

（叶德平/摄）

315 大花鹤顶兰 *Phaius magniflorus*

地生植物。花葶长可达2 m；花大，中萼片和侧萼片背面浅黄绿色，内面浅褐红色，先端浅黄绿色、短渐尖；花瓣背面黄绿色带棕红色，中部以上密布棕红色斑点，内面和先端与萼片同色，先端短渐尖；唇瓣白色，贴生于蕊柱基部至基部上方，3裂；唇盘从基部至中部玫瑰红色；距黄色，向前弯曲。花期5—6月。

产云南南部和西藏。生于海拔750～1 000 m的林下或沟谷阴湿处。

（叶德平/摄）

316 紫花鹤顶兰 *Phaius mishmensis*

地生植物。假鳞茎圆柱形，上部互生5～6枚叶，具多数节。总状花序侧生于茎的中部节上或中部以上的叶腋，花序轴多少曲折，疏生少数花；花淡紫红色，不甚开放；唇瓣密布红褐色斑点，贴生于蕊柱基部，3裂；唇盘具3～4条密布白色长毛的脊突；距细圆筒形，中部以下稍弯曲。花期10月—次年1月。

产台湾、广东西北部、广西、云南东南部至南部和西藏东南部。生于海拔约1 400 m的常绿阔叶林下阴湿处。不丹、印度东北部、缅甸、越南、老挝、泰国、菲律宾和日本（琉球群岛）也有分布。

（叶德平/摄）

（叶德平/摄）

317 华西蝴蝶兰 *Phalaenopsis wilsonii*

（吴棣飞/摄）

附生植物。气生根发达，长而弯曲，表面密生疣状突起。花时无叶或具1～2枚存留的小叶。花开放，萼片和花瓣白色带淡粉红色的中肋或全体淡粉红色；唇瓣3裂；侧裂片基部具1个中央对开的肉脊；中裂片基部具1枚紫色而先端深裂为2叉状的附属物。花期4—7月。

产广西西部、贵州西南部、四川西南部至中部、云南东南部至中部和西藏东南部。生于海拔800～2 150 m的山地疏林中树干或林下阴湿的岩石上。

（吴棣飞/摄）

318 节茎石仙桃 *Pholidota articulata*

附生植物。假鳞茎彼此以首尾相连接，貌似长茎状。花淡绿白色或白色而略带淡红色，2列排列；唇瓣上部1/3～1/4处缢缩而成前后唇；后唇凹陷成舟状，近基部处有5条纵褶片；前唇横椭圆形，边缘皱波状。花期6—8月。

产四川西南部、云南西北部至东南部和西藏东南部。生于海拔800～2 500 m的林中树上或稍荫蔽的岩石上。尼泊尔、不丹、印度、缅甸、越南、柬埔寨、泰国、马来西亚和印度尼西亚也有分布。

（叶德平/摄）

319 细叶石仙桃 *Pholidota cantonensis*

附生植物。假鳞茎顶端生2叶。叶线形或线状披针形，边缘常多少外卷，基部收狭成柄。花小，白色或淡黄色；唇瓣整个凹陷而成舟状，先端近截形或钝；唇盘上无附属物。花期4月，果期8—9月。

产浙江、江西、福建、台湾、湖南、广东和广西。生于林中或荫蔽处的岩石上，海拔200～850 m。

（鲍洪华/摄）

320 石仙桃 *Pholidota chinensis*

附生植物。叶2枚，生于假鳞茎顶端，具3条较明显的脉。花白色或带浅黄色；萼片背面略有龙骨状突起；唇瓣略3裂，下半部凹陷成半球形的囊，囊两侧各有1个半圆形的侧裂片，囊内无附属物。花期4—5月。

产浙江南部、福建、广东、海南、广西、贵州西南部、云南西北部至东南部和西藏东南部。生于林中或林缘树上、岩壁或岩石上，海拔通常在1 500 m以下，少数可达2 500 m。越南和缅甸也有分布。

（华国军/摄）

321 宿苞石仙桃 *Pholidota imbricata*

附生植物。假鳞茎密生，近长圆形，略带4钝棱，顶端生1叶。花葶生于幼嫩假鳞茎顶端，总状花序下垂，密生数十朵花；花苞片宿存；花白色或略带红色；唇瓣凹陷成囊状，略3裂。花期7—9月。

产四川西南部、云南西北部至南部和西藏东南部。生于林中树上或岩石上，海拔1 000～2 700 m。尼泊尔、不丹、印度、斯里兰卡、缅甸、越南、老挝、柬埔寨、泰国、马来西亚、印度尼西亚和新几内亚岛也有分布。

（叶德平/摄）

322 二叶舌唇兰 *Platanthera chlorantha*

地生植物。茎近基部具2枚彼此紧靠、近对生的大叶。总状花序具数十朵花；花较大，绿白色或白色；唇瓣舌状，先端钝；距棒状圆筒形，稍微钩曲或弯曲，向末端明显增粗，明显长于子房。花期6—8月。

产黑龙江、吉林、辽宁、内蒙古、河北、山西、陕西、甘肃、青海、四川、云南和西藏。生于海拔400～3 300 m的山坡林下或草丛中。欧洲至亚洲广泛分布，从英格兰至朝鲜半岛也有分布。

（叶德平/摄）

323 小舌唇兰 *Platanthera minor*

地生植物。根状茎匍匐，圆柱形，基部具1枚大叶，匙形或椭圆状匙形。花黄绿色或绿白色，较小；萼片绿色，边缘全缘；唇瓣黄色或白色，稍外弯，舌状或舌状披针形，不裂；距甚短。花期6—7月。

产江苏、安徽、浙江、江西、福建、台湾、河南、湖北、湖南、广东、香港、海南、广西、四川、贵州和云南。生于海拔250～2 700 m的山坡林下或草地。朝鲜半岛和日本也有分布。

（吴棣飞/摄）

324 筒距舌唇兰 *Platanthera tipuloides*

地生植物。根状茎指状，伸长。花黄绿色，细长；中萼片与花瓣靠合呈兜状；唇瓣向前伸，肉质，宽线形；距细圆筒状，常向后斜伸且中部以下向上举。花期5—7月。

产安徽、浙江、江西、福建、湖南和香港。生于海拔750～1 700 m的山坡密林下或林缘沟谷中。俄罗斯、朝鲜半岛和日本也有分布。

（吴棣飞/摄）

325 独蒜兰 *Pleione bulbocodioides*

半附生植物。假鳞茎卵形至卵状圆锥形，上端有明显的颈，顶端具1枚叶。花葶从无叶的老假鳞茎基部发出，顶端具1～2朵花；花粉红色至淡紫色，唇瓣上有深色斑；唇瓣不明显3裂，上部边缘撕裂状，通常具4～5条啮蚀状褶片。花期4—6月。

产陕西南部、甘肃南部、安徽、湖北、湖南、广东北部、广西北部、四川、贵州、云南西北部和西藏东南部。生于常绿阔叶林下或灌木林缘腐植质丰富的土壤上或苔藓覆盖的岩石上，海拔900～3 600 m。

（吴棣飞/摄）

326 台湾独蒜兰 *Pleione formosana*

半附生或附生植物。假鳞茎压扁的卵形或卵球形，上端渐狭成明显的颈，顶端具1枚叶。通常具1朵花，偶见2朵花；花白色至粉红色，唇瓣色泽常略浅于花瓣，上面具有黄色、红色或褐色斑，有时略芳香；唇瓣宽卵状椭圆形至近圆形，不明显3裂，先端微缺，上部边缘撕裂状，上面具2～5条褶片，中央1条褶片短或不存在。花期3—4月。

（吴棣飞/摄）

产台湾、福建西部至北部、浙江南部和江西东南部。生于林下或林缘腐殖质丰富的土壤和岩石上，海拔600～2 500 m。

（吴棣飞/摄）

327 柄唇兰 *Podochilus khasianus*

附生植物。茎丛生，近圆柱形，全部包藏于叶鞘之内，具多枚二列互生的叶。花很小，白色或带绿色；侧萼片基部宽阔并着生于蕊柱足上，形成萼囊；唇瓣长圆形，中部略缢缩，基部两侧扩大成裂片状且稍增厚而内弯，基部以细长的爪着生于蕊柱足上；花期7—9月。

产广东、广西西南部和云南南部。生于林中或溪谷旁树上，海拔450～1 900 m。印度也有分布。

（叶德平/摄）

328 多穗兰 *Polystachya concreta*

附生植物。假鳞茎卵形至圆锥形，通常略压扁。花序顶生，通常有1～4个分枝，较少不分枝；每个花序分枝具3～8朵花；花小，较密集，淡黄色；唇瓣3裂。花果期8—9月。

产云南南部。生于海拔900～1 500 m密林中或灌丛中的树上。广泛分布于印度、斯里兰卡、越南、老挝、柬埔寨、泰国、马来西亚、印度尼西亚、菲律宾以及美洲与非洲的热带与亚热带地区。

（叶德平/摄）

（叶德平/摄）

火焰兰属 *Renanthera*

329 火焰兰 *Renanthera coccinea*

附生植物。茎攀援，粗壮。花火红色，开展；中萼片狭匙形，边缘稍波状并且其内面具橘黄色斑点；侧萼片长圆形，基部收狭为爪，边缘明显波状；花瓣相似于中萼片而较小，边缘内侧具橘黄色斑点；唇瓣3裂；侧裂片基部具1对肉质、全缘的半圆形胼胝体。花期4—6月。

（叶德平/摄）

产海南、广西和云南南部。攀援于海拔约1 400 m的沟边林缘、疏林中树干和岩石上。分布于缅甸、泰国、老挝和越南。

（叶德平/摄）

钻喙兰属 *Rhynchostylis*

330 钻喙兰 *Rhynchostylis retusa*

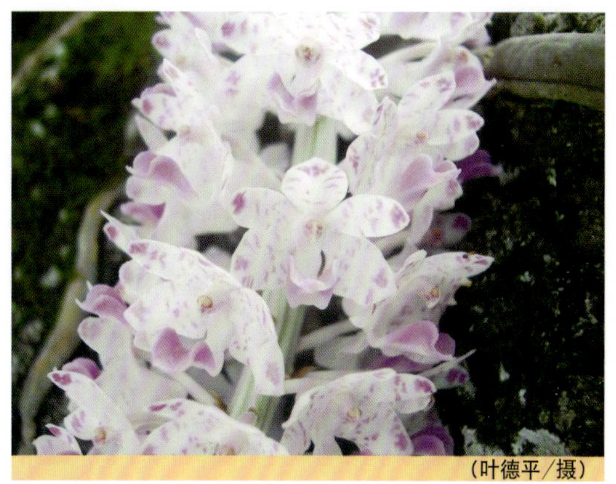

附生植物。植株具发达而肥厚的气根。花序下垂，密生许多花；花白色而密布紫色斑点，开展，纸质；唇瓣贴生于蕊柱足末端；后唇囊状，前唇朝上，前端不明显3裂，基部具4条脊突。花期5—6月。

产贵州西南部、云南东南部至西南部。生于海拔310～1 400 m的疏林中或林缘树干上。广泛分布于亚洲热带地区，从斯里兰卡、印度到热带喜马拉雅经老挝、越南、柬埔寨、马来西亚至印度尼西亚和菲律宾均有分布。

（叶德平/摄）

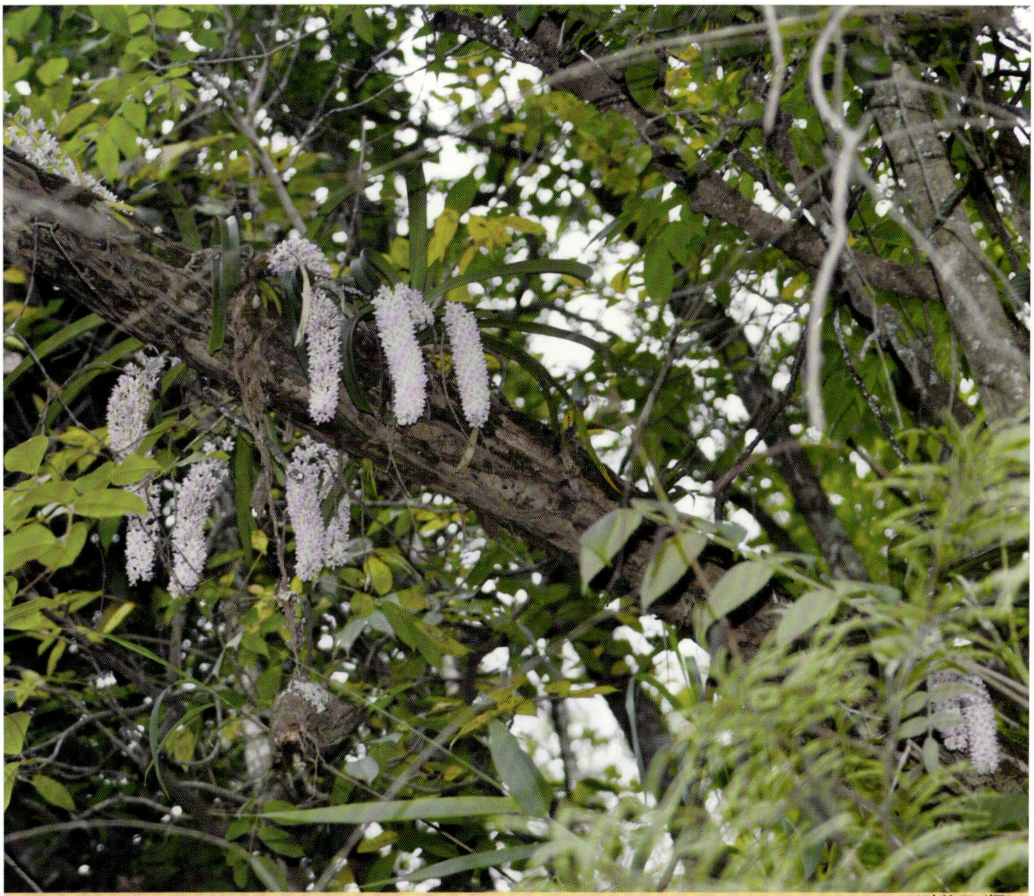

（叶德平/摄）

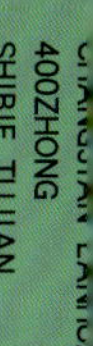

331 寄树兰 *Robiquetia succisa*

（陈亮俊/摄）

别名：小叶寄树兰。附生植物。叶二列，先端近截头状并且啮蚀状缺刻。花序与叶对生，圆锥花序密生许多小花；花不甚开放，萼片和花瓣淡黄色或黄绿色；唇瓣白色，3裂；距黄绿色，中部缢缩而下部扩大成拳卷状。花期6—9月。

产福建、广东西部、香港、海南、广西东部和云南南部。生于海拔570～1 150 m的疏林中树干或山崖石壁上。分布于不丹、印度东北部、缅甸、泰国、老挝、柬埔寨和越南。

（陈亮俊/摄）

332 鸟足兰 *Satyrium nepalense*

（叶德平/摄）

地生植物。茎直立，具1～2枚叶。总状花序密生20余朵花；花粉红色，通常两性；萼片边缘具细缘毛；唇瓣位于上方，半球形，先端急尖并具不整齐齿缺，背面有明显的龙骨状突起，距2个。花果期8—10月。

产贵州西南部、云南南部和西藏南部。生于海拔1 000～3 200 m的草坡上、林间空地或林下。尼泊尔、印度、缅甸和斯里兰卡也有分布。

（叶德平/摄）

333 萼脊兰 *Sedirea japonica*

附生植物。叶先端钝并且稍不等侧2裂。花具橘子香气，萼片和花瓣白绿色具褐色横向斑点；唇瓣3裂；中裂片大，匙形，具不规则的圆齿，上面具紫红色斑点；距末端指向唇瓣中裂片前部的背面，距口处具1枚近直立的肉质附属物。 花期6月。

产浙江和云南西部。生于海拔600～1 350 m的疏林中树干或山谷崖壁上。日本和朝鲜半岛南部也有分布。

（吴棣飞/摄）

（吴棣飞/摄）

（吴棣飞/摄）

334 短茎萼脊兰 *Sedirea subparishii*

附生植物。总状花序疏生数朵花；花具香气，稍肉质，开展，黄绿色带淡褐色斑点；萼片背面中肋翅状；唇瓣3裂，基部与蕊柱足末端结合而形成关节；中裂片背面近先端处喙状突起，基部具1枚两侧压扁的圆锥形胼胝体，上面从基部至先端具1条纵向的高褶片；蕊喙伸长，下弯，2裂。花期5月。

产浙江、福建、湖北西南部、湖南、广东北部、贵州东北部和四川东北部。生于海拔300～1 100 m的山坡林中树干上。

（尉阮杰/摄）

（吴棣飞/摄）

（尉阮杰/摄）

335 苞舌兰 *Spathoglottis pubescens*

地生植物。假鳞茎扁球形，顶生1～3枚叶。花黄色；萼片椭圆形，背面被柔毛；花瓣宽长圆形，无毛；唇瓣3裂，两侧裂片之间凹陷而呈囊状；中裂片基部具爪，爪上面具1对半圆形、肥厚的附属物，唇盘上具3条纵向的龙骨脊，其中央1条隆起而成肉质的褶片。花期7—10月。

产浙江、江西、福建、湖南、广东、香港、广西、四川、贵州和云南。生于海拔380～1 700 m的山坡草丛中或疏林下。印度东北部、缅甸、柬埔寨、越南、老挝和泰国也有分布。

（陈亮俊/摄）

336 绶草 *Spiranthes sinensis*

地生植物。具数条指状，肉质，簇生于茎基部的根，基部生2～5枚线形或宽线状披针形的叶。总状花序密生多数呈螺旋状扭转的花；花小，紫红色、粉红色或白色；唇瓣凹陷，前半部上面具长硬毛且边缘具强烈皱波状啮齿，唇瓣基部凹陷呈浅囊状，囊内具2枚胼胝体。花期7—8月。

产全国各省区。生于海拔200～3 400 m的山坡林下、灌丛下、草地或河滩沼泽草甸中。俄罗斯、蒙古、朝鲜半岛、日本、阿富汗、克什米尔地区至不丹、印度、缅甸、越南、泰国、菲律宾、马来西亚和澳大利亚也有分布。

（吴棣飞/摄）

337 小掌唇兰 *Staurochilus loratus*

附生植物。叶狭长圆形，先端不等侧2裂。花小，稍肉质，开展，萼片和花瓣黄色带紫褐色斑点；唇瓣白色，基部爪上面凹槽状密布长毛，上半部3裂；唇盘中央黄色，具1个深穴；距内面背壁上具1枚密生毛的舌状附属物。花期1—3月，果期6月。

产云南南部。生于海拔700～1 420 m的山地林中树干上。分布于泰国。

（叶德平/摄）

肉药兰属 *Stereosandra*

338 肉药兰 *Stereosandra javanica*

（叶德平/摄）

腐生植物。地下块茎梭状，茎白色而带红棕色，无绿叶，下部有多枚鳞片状鞘。总状花序具少数花；花下垂，不完全张开；萼片与花瓣相似；唇瓣卵状披针形，近基部两侧各有1枚胼胝体；柱头生于蕊柱顶端。花期6—8月。

产台湾南部和云南南部。生于海拔1 200 m以下的低海拔地区常绿林下。日本琉球群岛、菲律宾、印度尼西亚、马来西亚、泰国和新几内亚岛也有分布。

（叶德平/摄）

指柱兰属 *Stigmatodactylus*

339 指柱兰 *Stigmatodactylus*

（叶德平/摄）

地生植物。茎纤细，中部具1枚三角状卵形小叶。总状花序具1～3朵花；花淡绿色，仅唇瓣淡红紫色；唇瓣基部有附属物；附属物肉质，在中部分裂为上裂片与下裂片，两者先端均为2浅裂；蕊柱前方中部有1小突起。花期8—9月。

产福建北部、台湾和湖南。生于海拔约1 800 m的密林下水沟边的阴湿处。日本也有分布。

（叶德平/摄）

340 黄花大苞兰 *Sunipia andersonii*

附生植物。假鳞茎在根状茎上疏生，长卵形，顶生1枚叶。总状花序具少数花；花开展，淡黄色或黄绿色；花瓣中部以上骤然收窄为圆柱状，下半部边缘具流苏；唇瓣中部以上骤然变狭，基部具1枚横生的肼胝体，下半部边缘具缺刻；蕊喙马蹄形。花期9—10月。

（叶德平/摄）

产台湾、云南南部和西北部。生于海拔700～1 700 m的山地林中树干上。分布于不丹、印度东北部、缅甸、泰国和越南。

（叶德平/摄）

341 二色大苞兰 *Sunipia bicolor*

（叶德平／摄）

附生植物。假鳞茎疏生，近梨形，顶生1枚叶。总状花序具数朵花；花萼片和花瓣苍白色带紫红色条纹；唇瓣紫红色，小提琴形；唇盘从唇瓣基部至先端具1条宽厚的脊，脊在近唇瓣先端处明显增厚。花期7—11月。

产云南南部至西北部。生于海拔1 900～2 700 m的山地林中树干或沟谷岩石上。尼泊尔、印度、不丹、孟加拉国、缅甸和泰国都有分布。

（叶德平／摄）

342 白花大苞兰 *Sunipia candida*

附生植物。假鳞茎疏生，卵形，顶生1枚叶。总状花序具数朵花；花萼片和花瓣绿白色；侧萼片靠近唇瓣一侧边缘彼此粘合；唇瓣披针形或匕首状，近中部向先端骤然收窄为圆柱状，中部以下边缘撕裂状。花期7—8月。

产云南南部至西部和西藏。生于海拔1 900～2 500 m的山地林中树干上。分布于印度。

（叶德平/摄）

（叶德平/摄）

343 带唇兰 *Tainia dunnii*

地生植物。假鳞茎圆柱形，顶生1枚叶。花梗和子房红棕色，花黄褐色或棕紫色；唇瓣前部3裂；唇盘上面无毛或稍具短毛，具3条褶片，两侧的褶片呈弧形，较高，中央的褶片为龙骨状；药帽顶端两侧各具1枚紫色的圆锥状突起物。花期通常3—4月。

产湖南、浙江、江西、福建、台湾、广东、香港、广西北部、四川和贵州中部。生于海拔580～1 900 m的常绿阔叶林下或山间溪边。

（吴棣飞/摄）

344 香港带唇兰 *Tainia hongkongensis*

地生植物。假鳞茎卵球形，顶生1枚叶。花黄绿色带紫褐色斑点和条纹；萼片相似，长圆状披针形；侧萼片贴生于蕊柱基部；花瓣倒卵状披针形；唇瓣白色带黄绿色条纹，倒卵形，不裂，基部具距；唇盘具3条狭的褶片；药帽顶端两侧各具1个紫色的角状物。花期4—5月。

产福建、广东和香港。生于海拔150～500 m的山坡林下或山间路旁。越南也有分布。

（陈亮俊/摄）

344 阔叶带唇兰 *Tainia latifolia*

地生植物。假鳞茎圆柱状长卵形，顶生1枚叶。花具香气，萼片和花瓣深褐色；唇瓣黄色，上部3裂；唇盘从基部向中裂片先端纵贯3条褶片，中央的1条较窄，两侧的较宽，呈弧形；药帽顶端两侧各具1个紫红色附属物。花期3月。

产海南和云南南部。生于山坡林下。不丹、印度东北部、缅甸、泰国、老挝和越南也有分布。

（叶德平/摄）

345 高褶带唇兰 *Tainia viridifusca*

地生植物。花葶长达130 cm；总状花序疏生10余朵花；花张开，褐绿色或紫褐色；唇瓣白色，3裂；中裂片先端具短尖；唇盘在两侧裂片之间具3～5条褶片，在中裂片上骤然隆起5条波状或鸡冠状的等长褶片。花期4—5月。

产云南东南部至南部。生于海拔1 500～2 000 m的常绿阔叶林下。 印度、缅甸、泰国和越南也有分布。

（叶德平/摄）

347 矮柱兰 *Thelasis pygmaea*

附生植物。假鳞茎聚生，扁球形，顶端通常具1枚大叶和1～2枚小叶。花黄绿色，平展，不甚张开；侧萼片与中萼片相似，但背面具龙骨状突起或有时呈狭翅状；唇瓣卵状三角形，边缘内卷。花期4—10月。

产台湾、海南和云南南部至东南部。生于溪谷旁树干、山崖树枝或林中石上，海拔1 100 m以下。尼泊尔、印度、缅甸、泰国、越南、马来西亚、印度尼西亚和菲律宾也有分布。

（叶德平/摄）

348 白点兰 *Thrixspemum centipeda*

附生植物。茎多少扁圆柱形，常弧形弯曲。总状花序具少数花；花苞片宿存，排成二列；花白色或奶黄色，有浓香，寿命短唇瓣基部凹陷呈浅囊，3裂；唇盘中央隆起1个胼胝体。花期6—7月。

产海南、香港、广西和云南南部。生于海拔700～1 150 m的山地林中树干上。分布于不丹、印度东北部、缅甸、泰国、老挝、柬埔寨、越南、马来西亚和印度尼西亚。

（陈亮俊/摄）

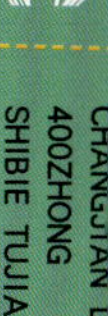

349 笋兰 *Thunia alba*

地生或附生草本。茎较粗壮，圆柱形，秋季叶脱落后仅留筒状鞘，貌似多节竹笋。总状花序具2～7朵花；花苞片大，宿存；花大，白色，唇瓣黄色而有橙色或栗色斑和条纹，仅边缘白色。花期6月。

产四川西南部、广西、云南西南部至南部和西藏东部。生于林下岩石上或树杈凹处，也见于多石地上，海拔1 200～2 300 m。尼泊尔、印度、缅甸、越南、泰国、马来西亚和印度尼西亚也有分布。

（叶德平/摄）

350 短穗竹茎兰 *Tropidia curculigoides*

地生植物。茎常数个丛生，不分枝或偶见分枝。叶通常有10枚以上，疏松地生于茎上。总状花序生于茎顶端和茎上部叶腋，密生数朵至10余朵花；花绿白色；侧萼片仅基部合生；唇瓣基部凹陷，舟状，先端渐尖。花期6—8月，果期10月。

产台湾、海南、香港、广西、云南南部至东南部和西藏东南部。生于海拔250～1 000 m的林下或沟谷旁阴处。印度、缅甸、越南、柬埔寨、泰国、马来西亚和印度尼西亚也有分布。

（叶德平/摄）

351 小花蜻蜓兰 *Tulotis ussuriensis*

地生植物。根状茎指状，细长，弓曲。花较小，淡黄绿色；中萼片凹陷呈舟状；侧萼片张开或反折，偏斜；唇瓣舌状披针形，基部两侧各具1枚近半圆形、前面截平、先端钝的小侧裂片。花期7—8月，果期9—10月。

产吉林、河北、陕西、江苏、安徽、浙江、江西、福建、河南、湖北、湖南、广西东北部（资源）和四川。生于海拔400～2 800 m的山坡林下、林缘或沟边。朝鲜半岛、俄罗斯远东乌苏里和日本也有分布。

（吴棣飞/摄）

352 垂头万代兰 *Vanda alpina*

附生植物。叶二列，向外弯垂，带状，中部以下常V字形对折，先端近斜截并具不规则的尖齿。总状花序具1～2朵花；花点垂，不甚张开，具香气；萼片和花瓣黄绿色；唇瓣内面紫色，基部凹陷呈囊状，无距。花期6月。

产云南南部。生于海拔1 450～1 650 m的林中树上。

（叶德平/摄）

（叶德平/摄）

353 白柱万代兰 *Vanda brunnea*

（叶德平/摄）

附生植物。叶带状，先端具2～3个不整齐的尖齿状缺刻。总状花序疏生3～5朵花；花萼片和花瓣多少反折，背面白色，内面黄绿色或黄褐色带紫褐色网格纹；唇瓣3裂；中裂片提琴形，先端2圆裂；距口具1对圆形胼胝体；蕊柱白色。花期3月。

产云南东南部至西南部。生于海拔800～1 800 m的疏林中或林缘树干上。分布于缅甸和泰国。

（叶德平/摄）

354 大花万代兰 *Vanda coerulea*

附生植物。叶厚革质，下部常V字形对折，先端近斜截并具2～3个尖齿状的缺刻。总状花序疏生数朵花；花大，质地薄，天蓝色，具网格纹；唇瓣3裂；中裂片基部具1对胼胝体，上面具3条纵向的脊突。花期10—11月。

产云南南部。生于海拔1 000～1 600 m的河岸或山地疏林中树干上。分布于印度、缅甸和泰国。

（叶德平/摄）

（叶德平/摄）

355 小蓝万代兰 *Vanda coerulescens*

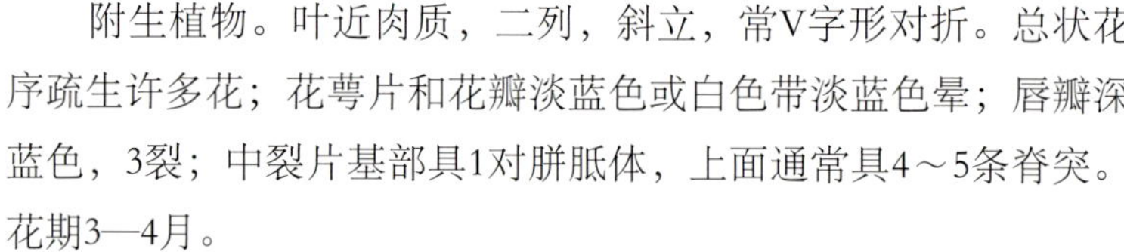

（叶德平/摄）

附生植物。叶近肉质，二列，斜立，常V字形对折。总状花序疏生许多花；花萼片和花瓣淡蓝色或白色带淡蓝色晕；唇瓣深蓝色，3裂；中裂片基部具1对胼胝体，上面通常具4～5条脊突。花期3—4月。

产云南南部和西南部。生于海拔700～1 600 m的疏林中树干上。印度、缅甸和泰国也有分布。

（叶德平/摄）

356 叉唇万代兰 *Vanda cristata*

附生植物。花序腋生，具1～2朵花；花萼片和花瓣黄绿色，唇瓣3裂；中裂片近琴形，上面白色带污紫色纵条纹，先端叉状2深裂。 花期5月。

产云南西南部和西藏。生于海拔700～1 650 m的常绿阔叶林中树干上。分布于印度和尼泊尔至西喜马拉雅的热带地区。

（叶德平/摄）

357 矮万代兰 *Vanda pumila*

附生植物。总状花序比叶短，花序轴多少折曲状，疏生1～3朵花；花萼片和花瓣奶黄色；唇瓣厚肉质，3裂；侧裂片内面紫红色；中裂片上面奶黄色带8～9条紫红色纵条纹，背面具1条龙骨状的纵脊。花期3—5月。

产海南、广西西部、云南南部和西南部。生于海拔900～1 800 m的山地林中树干上。分布于热带喜马拉雅的西北部、尼泊尔、不丹、印度东北部、缅甸、老挝、越南和泰国。

（叶德平/摄）

358 大香荚兰 *Vanilla siamensis*

地生草质攀援藤本。长达数米，具长的节间，节上具1叶。总状花序生于叶腋，具多花；花萼片与花瓣淡黄绿色，唇瓣乳白色而具黄色的喉部；唇瓣下部与蕊柱边缘合生呈喇叭形；中裂片上表面除基部外较密地生有流苏状长毛；唇盘中部具1个杯状附属物，附属物口部具短毛。花期8月。

产云南南部。生于海拔900～1 300 m的河谷林中。泰国也有分布。

（叶德平/摄）

359 宽叶线柱兰 *Zeuxine affinis*

地生植物。具伸长、匍匐的根状茎；茎直立，具4～6枚叶。花开放时叶片常凋萎；总状花序具几朵至10余朵花；花较小，黄白色，萼片背面被柔毛；唇瓣白色呈Y字形，前部扩大成2裂，其裂片倒卵状扇形，基部扩大并凹陷呈囊状，囊内两侧各具1枚钩状的胼胝体。花期2—4月。

产台湾、广东、海南和云南。生于海拔800～1 650 m的山坡或沟谷林下阴处。马来西亚、泰国、老挝、缅甸、孟加拉、印度和不丹也有分布。

（叶德平/摄）

360 芳线柱兰 *Zeuxine nervosa*

地生植物。叶片上面绿色或沿中肋具1条白色的条纹。总状花序细长，直立，具数朵疏生的花；花较小，甚香，半张开；唇瓣呈Y字形，前部扩大，白色，并2裂，其裂片近圆形或倒卵形，基部具绿色斑点，而两裂片之目的夹角呈V字形。花期2—3月。

产台和云南。生于海拔200～800 m的林下阴湿处。柬埔寨、老挝、泰国、越南、日本、印度东北部、不丹、尼泊尔和孟加拉也有分布。

（叶德平/摄）

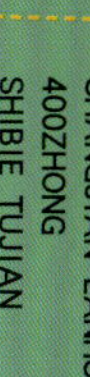

361 线柱兰 *Zeuxine strateumatica*

地生植物。叶片线形至线状披针形，有时均成苞片状。花小，白色或黄白色；唇瓣肉质或较薄，舟状，淡黄色或黄色，基部凹陷呈囊状，其内面两侧各具1枚近三角形的胼胝体，顶端圆钝，稍凹陷或具稍微突起。花期春天至夏天。

产福建、台湾、湖北、广东、香港、海南、广西、四川和云南。生于海拔1 000 m以下的沟边或河边的潮湿草地。日本、菲律宾、马来西亚、新几内亚岛、老挝、柬埔寨、越南、缅甸、斯里兰卡、印度的阿萨姆至克什米尔地区和阿富汗也有分布。

（陈亮俊/摄）

参考文献

[1] 中国科学院中国植物志编辑委员会．中国植物志17卷[M]．北京：科学出版社，1999．

[2] 中国科学院中国植物志编辑委员会．中国植物志18卷[M]．北京：科学出版社，1999．

[3] 中国科学院中国植物志编辑委员会．中国植物志19卷[M]．北京：科学出版社，1999．

[4] 陈心启，吉占和．中国兰花全书[M]．北京：中国林业出版社，1998．

好奇心是人类获得不断进步的基本动力，也是人类认识自然，理解自然的基本动力。重庆大学出版社与鹿角文化工作室携手打造的好奇心书系全部为图文并茂的原创自然读物。

我们的理想是——

让中国人的心灵浸透山野的清香

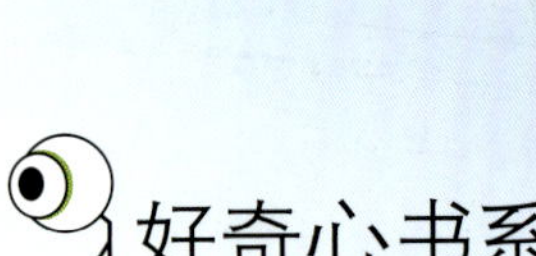

好奇心书系书目

自然随笔丛书

昆虫之美
野菜志
菜蔬小语
那些花儿
水边记忆
美丽的性
影树流花
湿地鸟影
植物的策略——诗意传承
植物的策略——智慧生存

自然随笔丛书

我爱自然丛书

观察淡水鱼
认识田野的作物
亲近奇异的昆虫
亲近野花野草
熟悉园子里的蔬菜
提防身边的动植物
野外维生食物
识别树木
认识美丽的瓜果

我爱自然丛书

野外识别手册丛书

常见南方野花识别手册
常见蝴蝶野外识别手册
常见昆虫野外识别手册
常见植物野外识别手册
常见鸟类野外识别手册
常见蘑菇野外识别手册
常见蜘蛛野外识别手册

野外识别手册丛书

图鉴花谱系列

中国昆虫生态大图鉴
药用植物生态图鉴
常见园林植物识别图鉴
中国湿地植物图鉴
药用植物花谱1
药用植物花谱2
药用植物花谱3
药用植物花谱4

图鉴花谱系列

时尚自然读本系列：

中国最美野花200

时尚自然读本系列